"十四五"高等职业教育计算机类专业规划教材

Linux 操作系统

丁亚男　李永亮　贝太忠◎主　编
付瑞芬　夏智伟　王世兴　荣令随◎副主编

山东省精品资源共享课
配　套　教　材

中国铁道出版社有限公司
CHINA RAILWAY PUBLISHING HOUSE CO., LTD.

内 容 简 介

本书以 Red Hat Enterprise Linux 7.4 为工作平台，全面系统地介绍了 Linux 操作系统的基本知识、安全使用及服务器的配置、管理与应用等。全书共 13 单元，包括安装与配置 Linux 操作系统，网络参数配置，用户和组，文件与文件系统，管理磁盘，使用 RAID 与 LVM，使用 ssh 服务管理远程主机，使用 Samba、NFS 实现文件共享，使用 DNS 实现域名解析，使用 DHCP 动态管理主机地址，使用 vsftpd 服务传输文件，使用 Apache 服务部署静态网站，使用 Nginx 服务部署网站等内容。

本书注重原理讲解与实践应用的结合，精心设计了大量的实验案例，操作性较强，有助于学习者迅速、全面地掌握相关的知识与技能。

本书是为网络操作系统领域的入门者编写的，适合作为高等职业院校计算机相关专业 Linux 操作系统课程的教材，也可作为网络系统集成工程技术人员的参考用书。

图书在版编目（CIP）数据

Linux 操作系统/丁亚男，李永亮，贝太忠主编. —北京：中国铁道出版社有限公司，2022.5
"十四五"高等职业教育计算机类专业规划教材
ISBN 978-7-113-28950-8

I.①L… Ⅱ.①丁… ②李… ③贝… Ⅲ.①Linux 操作系统-高等职业教育-教材 Ⅳ.①TP316.85

中国版本图书馆 CIP 数据核字(2022)第 039838 号

书　　名：Linux 操作系统
作　　者：丁亚男　李永亮　贝太忠

策　　划：潘晨曦　祁　云　　　　　编辑部电话：（010）63549458
责任编辑：祁　云　包　宁
封面设计：刘　颖
责任校对：安海燕
责任印制：樊启鹏

出版发行：中国铁道出版社有限公司（100054，北京市西城区右安门西街 8 号）
网　　址：http://www.tdpress.com/51eds/
印　　刷：三河市兴博印务有限公司
版　　次：2022 年 5 月第 1 版　2022 年 5 月第 1 次印刷
开　　本：787 mm×1 092 mm　1/16　印张：15　字数：383 千
书　　号：ISBN 978-7-113-28950-8
定　　价：42.00 元

版权所有　侵权必究

凡购买铁道版图书，如有印制质量问题，请与本社教材图书营销部联系调换。电话：（010）63550836
打击盗版举报电话：（010）63549461

前　言

　　本书是 2020 年全国高等院校计算机基础教育研究会项目——"课赛融合、课证融通"的云计算技术与应用专业课程建设研究与实践（2020-AFCEC-403）建设教材。本书编写团队有丰富的教学经验，是山东省省级优秀教学团队，编者有多年的技能大赛指导经验，是山东省职业院校技能大赛"计算机网络应用""云计算技术与应用"赛项一等奖指导教师。

　　本书在内容选取时紧紧围绕本专业核心能力培养目标，按照网络管理员、网络工程师工作岗位的典型工作任务要求，参考 RHCSA、RHCE 等企业认证要求，以应用为目的，以必需、够用为度，综合考虑学生的创新能力和可持续发展能力培养，确定教材的内容，以企业网组建真实案例为载体设置授课项目。

　　本书共分 13 个单元，所有实验都是基于 Red Hat Enterprise Linux 7.4 工作平台进行设计。各单元的主要内容如下：

单元 1　安装与配置 Linux 操作系统
　　本单元主要介绍 Linux 操作系统的发展、VMware 虚拟机软件的基本操作方法、Red Hat Enterprise Linux 7.4 安装步骤。

单元 2　网络参数配置
　　本单元介绍了 Vim 编辑器的使用方法、网络参数的配置实例。

单元 3　用户和组
　　本单元介绍了 Linux 操作系统中的用户和组及其相关概念、用户和组的管理命令、使用图形界面管理用户和组的步骤。

单元 4　文件与文件系统
　　本单元介绍了文件系统、文件的管理命令、文件的权限含义及其管理命令。

单元 5　管理磁盘
　　本单元介绍了物理设备的命名、挂载硬件设备的命令，给出了添加硬盘设备、交换分区、磁盘容量配额设置的实例。

单元 6　使用 RAID 与 LVM
　　本单元介绍了独立冗余磁盘阵列、逻辑卷管理。

单元 7　使用 ssh 服务管理远程主机
　　本单元介绍了 ssh 服务的工作原理，给出了 ssh 服务、安全密钥验证、远程传输命令等实例。

单元 8　使用 Samba、NFS 实现文件共享
　　本单元介绍了 Samba 服务、NFS 服务的工作原理，给出了 Samba 服务器、NFS 服务器的配置实例。

单元 9　使用 DNS 实现域名解析

本单元介绍了 DNS 服务的基本知识及工作流程，讲解了 DNS 服务器的配置，给出了 DNS 服务器的配置实例。

单元 10　使用 DHCP 动态管理主机地址

本单元介绍了 DHCP 基本概念和工作流程，讲解了 DHCP 服务器的配置，给出了 DHCP 服务器的配置实例。

单元 11　使用 vsftpd 服务传输文件

本单元介绍了文件传输协议、简单文件传输协议、vsftpd 服务器的工作原理及基本配置，给出了 vsftpd 服务器的配置实例。

单元 12　使用 Apache 服务部署静态网站

本单元介绍了 Apache 服务器的工作原理及配置，给出了配置 SELinux 安全子系统、个人用户主页、虚拟主机等实例。

单元 13　使用 Nginx 服务部署网站

本单元介绍了 Nginx 服务程序的安装及配置，给出了基于 Nginx 服务程序实用功能的部署示例。

本书由山东交通职业学院丁亚男、李永亮、贝太忠任主编，由山东交通职业学院付瑞芬、夏智伟、王世兴、荣令随任副主编。具体编写分工如下：单元 1~4 由丁亚男、付瑞芬编写，单元 5~8 由李永亮、夏智伟编写，单元 9~13 由贝太忠、王世兴、荣令随编写。全书由山东交通职业学院王建良教授主审，提出了许多建设性意见和建议。

由于编者水平有限，书中难免存在错误与不妥之处，恳请广大读者批评指正。

编　者
2021 年 10 月

目 录

单元 1 安装与配置 Linux 操作系统 1
  1.1 基础知识 1
    1.1.1 Linux 操作系统概述 1
    1.1.2 Linux 版本 1
    1.1.3 Linux 操作系统的优点 3
    1.1.4 863 核高基 4
  1.2 安装配置 Linux 操作系统 4
    1.2.1 硬件基本要求 4
    1.2.2 准备工具软件 4
    1.2.3 安装配置 VM 虚拟机 5
  单元实训 23
  单元习题 23

单元 2 网络参数配置 25
  2.1 Vim 文本编辑器的基础使用 25
    2.1.1 编写一个简单的脚本文档 26
    2.1.2 Vim 小技巧 31
    2.1.3 使用 Yum 软件仓库 33
    2.1.4 Yum 常见问题分析 35
  2.2 配置网络参数 36
    2.2.1 常用网络配置文件 36
    2.2.2 配置网卡信息 37
    2.2.3 常用的网络命令 41
  2.3 网络故障排错 44
  单元实训 44
  单元习题 45

单元 3 用户和组 47
  3.1 用户和组 47
    3.1.1 用户类型 47
    3.1.2 用户账号文件 47
    3.1.3 用户组 49
    3.1.4 组文件 49

3.2 使用命令管理用户和组 50
3.2.1 用户账号管理 50
3.2.2 组账号管理 53
3.3 使用图形界面管理用户和组 53
3.3.1 安装 system-config-users 工具 54
3.3.2 用户管理器 55
3.4 命令使用技巧 56
单元实训 58
单元习题 58

单元 4 文件与文件系统 60
4.1 文件系统 60
4.1.1 文件系统概述 60
4.1.2 理解 Linux 文件系统目录结构 62
4.1.3 绝对路径和相对路径 63
4.2 文件命令 63
4.2.1 文件及命名规则 63
4.2.2 文件相关命令 63
4.2.3 目录相关命令 66
4.3 文件权限 68
4.3.1 访问权限 68
4.3.2 文件预设权限 69
4.3.3 文件权限修改 70
4.4 文件特殊权限 71
4.4.1 SUID 71
4.4.2 SGID 71
4.4.3 SBIT 72
4.5 文件的隐藏属性 73
4.5.1 chattr 命令 73
4.5.2 lsattr 命令 74
4.6 文件访问控制列表 74
4.6.1 setfacl 命令 75
4.6.2 getfacl 命令 75
单元实训 75
单元习题 76

单元 5 管理磁盘 78
5.1 物理设备的命名 78

5.2	挂载硬件设备的命令	80
	5.2.1 mount 命令	80
	5.2.2 自动挂载硬件设备	80
	5.2.3 umount 命令	81
5.3	添加硬盘设备	81
	5.3.1 添加硬盘	81
	5.3.2 fdisk 命令	84
	5.3.3 du 命令	86
5.4	添加交换分区	87
5.5	磁盘容量配额	89
	5.5.1 xfs_quota 命令	90
	5.5.2 edquota 命令	90
单元实训		91
单元习题		91

单元 6　使用 RAID 与 LVM 93

6.1	RAID（独立冗余磁盘阵列）	93
	6.1.1 RAID 0	93
	6.1.2 RAID 1	94
	6.1.3 RAID 5	94
	6.1.4 RAID 10	94
	6.1.5 部署磁盘阵列	95
	6.1.6 损坏磁盘阵列及修复	97
	6.1.7 磁盘阵列+备份盘	99
6.2	LVM（逻辑卷管理器）	101
	6.2.1 部署逻辑卷	102
	6.2.2 扩容逻辑卷	105
	6.2.3 缩小逻辑卷	106
	6.2.4 逻辑卷快照	107
	6.2.5 删除逻辑卷	109
单元实训		110
单元习题		110

单元 7　使用 ssh 服务管理远程主机 111

7.1	配置 ssh 服务	111
7.2	安全密钥验证	113
7.3	远程传输命令	114
单元实训		115
单元习题		115

单元 8 使用 Samba、NFS 实现文件共享 116
8.1 Samba 文件共享服务 116
8.1.1 配置共享资源 118
8.1.2 Windows 访问文件共享服务 121
8.1.3 Linux 访问文件共享服务 123
8.2 NFS 网络文件系统 125
8.3 autofs 自动挂载服务 127
8.4 常见问题分析 130
8.4.1 Samba 服务器相关问题分析 130
8.4.2 NFS 服务器相关问题分析 130
单元实训 131
单元习题 131

单元 9 使用 DNS 实现域名解析 133
9.1 DNS 域名解析服务 133
9.2 安装 bind 服务程序 135
9.2.1 正向解析实验 138
9.2.2 反向解析实验 140
9.3 部署从服务器 141
9.4 常见错误分析 143
单元实训 143
单元习题 144

单元 10 使用 DHCP 动态管理主机地址 146
10.1 动态主机配置协议 146
10.2 部署 DHCP 服务程序 147
10.3 自动管理 IP 地址 149
10.4 分配固定 IP 地址 152
10.5 常见问题分析 155
单元实训 156
单元习题 156

单元 11 使用 vsftpd 服务传输文件 158
11.1 文件传输协议 158
11.2 vsftpd 服务程序 160
11.2.1 匿名开放模式 161
11.2.2 本地用户模式 164
11.2.3 虚拟用户模式 167
11.3 简单文件传输协议 170
11.4 常见错误 172

单元实训 173
　　单元习题 173

单元 12　使用 Apache 服务部署静态网站 175
　12.1　网站服务程序 175
　12.2　配置服务文件参数 178
　12.3　SELinux 安全子系统 180
　　　12.3.1　SELinux 安全子系统简介 180
　　　12.3.2　semanage 命令 182
　12.4　个人用户主页功能 183
　12.5　虚拟主机功能 186
　　　12.5.1　基于 IP 地址 186
　　　12.5.2　基于主机域名 188
　　　12.5.3　基于端口号 189
　12.6　Apache 的访问控制 192
　12.7　常见问题分析 193
　　单元实训 194
　　单元习题 194

单元 13　使用 Nginx 服务部署网站 196
　13.1　Nginx 简介 196
　13.2　安装 Nginx 软件 196
　13.3　Nginx 配置文件 198
　13.4　虚拟主机功能 200
　　　13.4.1　基于 IP 地址 200
　　　13.4.2　基于端口 201
　　　13.4.3　基于域名 203
　　单元实训 204
　　单元习题 205

附录 A　命令合集 206
附录 B　公有云上使用 Linux 操作系统——以华为云为例 225
附录 C　Linux 操作系统中的快捷方式 229
参考文献 230

单元 1 安装与配置 Linux 操作系统

单元导读

Linux 是在 1991 年诞生并逐渐发展起来的多用户的网络操作系统,其源代码可以自由传播,并允许修改、增加和发展。本单元主要介绍 Linux 操作系统的诞生、发展、应用及相关概念,Linux 的主要特点和版本。

本单元中以 RHEL 7 为例,介绍了 RHEL 7 系统的安装、配置的详细步骤,并涵盖找回 Linux 系统 root 管理员密码及 Linux 常用命令的使用方法。

学习目标

➢ 了解 Linux 系统的诞生、特点及其相关背景知识;
➢ 掌握 RHEL 7 的安装部署步骤;
➢ 掌握登录、退出、重启 RHEL 7 的方法;
➢ 掌握找回 RHEL 7 系统 root 管理员密码的步骤。

1.1 基 础 知 识

1.1.1 Linux 操作系统概述

Linux 是一个类 UNIX 操作系统,是一个性能稳定的多用户的网络操作系统。Linux 系统是著名的开源软件,既可以作为服务器操作系统,也可以作为办公用的桌面系统,可以运行各种工具软件、应用程序及网络协议,支持安装在 32 位和 64 位 CPU 硬件上。

通常来讲,Linux 这个词只表示 Linux 内核,但是人们已经习惯用 Linux 来表示整个基于 Linux 内核的操作系统。1991 年 10 月 5 日,芬兰赫尔辛基大学学生 Linus Torvalds 在 comp.os.minix 新闻组上发布消息,正式向外界宣布 Linux 内核的诞生。1994 年 3 月,Linux 1.0 发布,从此,Linux 逐渐成为功能完善、稳定的操作系统,并被广泛使用。

1.1.2 Linux 版本

Linux 的版本分为内核版和发行版。

1. Linux 内核版本

Linux 内核是由 Linus Torvalds 开发并负责维护,提供硬件抽象层、硬盘及文件系统控制,以及多任务功能的系统核心程序。Linux 内核版本有稳定版本和开发版本两种。稳定版的内核稳定性强，适用于应用和部署。开发版的内核不稳定，版本变化快，适用于试验。

Linux 内核的版本号由三组数字组成，格式为"主版本号·次版本号·修订版本号"。其中，次版本号：偶数数字表示稳定版本，奇数数字表示开发版本。

【例】使用 uname 命令查看 Linux 系统的内核版本号。

```
[root@studylinux Desktop]# uname -r
3.10.0-121.el7.x86_64
```

含义如下：

第一组数字：3，主版本号。

第二组数字：10，次版本号，表示稳定版本。

第三组数字：0-121，修订版本号，表示修改的次数。

第一组、第二组数字合在一起描述内核系列。本题目中为稳定版本 3.10.0，是 3.10 版内核系列。

el7 表示是 RHEL 7 系列的。

x 86_64 表示是 64 位的系统。

2. Linux 发行版

Linux 发行版即人们常说的 Linux 操作系统，通常包含 Linux 内核、各类 GNU 库和工具、命令行 Shell、桌面环境、办公套件、数据库等应用软件。全球有数百款的 Linux 系统版本，每个系统版本都有自己的特性和目标人群，下面介绍最热门的几款，见表 1-1。

表 1-1 Linux 发行版介绍

版本及简介	图 标
红帽企业版 Linux（RedHat Enterprise Linux，RHEL） 红帽公司是全球最大的开源技术厂商，RHEL 是全世界使用最广泛的 Linux 系统之一。RHEL 系统具有极强的性能与稳定性，并且在全球范围内拥有完善的技术支持。本书采用的是 RHEL 系统	redhat
社区企业操作系统（Community Enterprise Operating System，CentOS） CentOS 是 RHEL 系统重新编译并发布给用户免费使用的 Linux 系统，具有广泛的使用人群。CentOS 社区在官方博客于 2020 年 12 月 8 日发布 "CentOS Project shifts focus to CentOS Stream"，这标志着 CentOS Linux 版本的终结，同时宣布 CentOS Linux 8 的支持维护时间至 2021 年 12 月 31 日截止	CentOS
Fedora 由红帽公司发布的桌面版系统套件（目前已经不限于桌面版）。用户可免费体验到最新的技术或工具，这些技术或工具在成熟后会被加入到 RHEL 系统中，因此 Fedora 也称为 RHEL 系统的"试验田"	Fedora
openSUSE 源自德国的一款著名的 Linux 系统，在全球范围内有着不错的声誉及市场占有率	openSUSE
Debian 稳定性、安全性强，提供了免费的基础支持，可以良好地支持各种硬件架构，以及提供近十万种不同的开源软件，认可度和使用率较高	Debian

续表

版本及简介	图　标
Ubuntu Ubuntu 是一款派生自 Debian 的操作系统，对新款硬件具有极强的兼容能力。Ubuntu 是极其出色的 Linux 桌面系统，可用于服务器领域	
Deepin（深度操作系统） Deepin 是我国第一个具备国际影响力的 Linux 发行版本，是由武汉深之度科技有限公司在 Debian 基础上开发的 Linux 操作系统，于 2004 年 2 月 28 日开始对外发行，可以安装在个人计算机和服务器中	
中标麒麟 2010 年 12 月 16 日，两大国产操作系统——"中标 Linux"和"银河麒麟"合并，组成新品牌"中标麒麟"。中标麒麟操作系统采用强化的 Linux 内核，分成桌面版、通用版、高级版和安全版等，满足不同客户的要求，已经广泛使用在能源、金融、交通等领域	
红旗 Linux 红旗 Linux 是由北京中科红旗软件技术有限公司开发的一系列 Linux 发行版，包括桌面版、工作站版、数据中心服务器版、HA 集群版和红旗嵌入式 Linux 等产品。红旗 Linux 是中国较大、较成熟的 Linux 发行版之一	

1.1.3　Linux 操作系统的优点

随着新一代信息技术的飞速发展，Linux 操作系统的应用领域越来越广泛，尤其是近年来 Linux 在服务器、云计算领域的迅猛发展，得益于 Linux 操作系统的如下优点：

1．开源免费

Linux 是一款开源的操作系统，用户可以通过网络或其他途径免费获得其源代码，也可以根据自己的需求进行定制化开发，并且没有版权的限制。

2．良好的用户界面

Linux 向用户提供了两种界面：字符界面和图形化用户界面。在字符界面下，用户可以通过键盘输入来执行相关操作。在图形化用户界面下，用户可以利用鼠标等设备对其进行操作。

3．安全稳定

Linux 采取了很多安全技术措施，包括读写权限控制、带保护的子系统、审计跟踪、核心授权等，这为网络环境中的用户提供了安全保障。实际上有很多运行 Linux 的服务器可以持续运行长达数年而无须重启，依然可以性能良好地提供服务，其安全稳定性已经在各个领域得到了广泛证实。

4．多用户多任务

多用户是指系统资源可以同时被不同的用户使用，每个用户对自己的资源有特定的权限，互不影响。多任务是现代化计算机的主要特点，指的是计算机能同时运行多个程序，且程序之间彼此独立，Linux 内核负责调度每个进程，使之平等地访问处理器。由于 CPU 处理速度极快，从用户的角度来看所有的进程好像在并行运行。

5．设备独立性

Linux 把所有外围设备当作文件来对待。对用户而言，可以像使用文件一样，使用这些设备，而不需要了解它们的具体存在形式。

6．提供丰富的网络功能

Linux 内置了很丰富的免费网络服务器软件、数据库和网页的开发工具，如 Apache、Sendmail、vsftpd、SSH、MySQL、PHP 和 JSP 等。近年来，越来越多的企业看到了 Linux 的这些强大功能，利用 Linux 担任全方位的网络服务器。

7．良好的可移植性

Linux 中 95%以上的代码都是用 C 语言编写的，由于 C 语言是一种机器无关的高级语言，是可移植的，因此 Linux 系统也是可移植的。

1.1.4　863 核高基

"核高基"是对核心电子器件、高端通用芯片及基础软件产品的简称，是 2006 年国务院发布的《国家中长期科学和技术发展规划纲要（2006—2020 年）》中与载人航天、探月工程并列的 16 个重大科技专项之一。其中，基础软件是对操作系统、数据库和中间件的统称。经过多年的发展，近年来，国产基础软件的发展形势有所好转，尤其一批国产基础软件的领军企业的发展势头给中国软件市场打了一支强心针，而"核高基"的适时出现，犹如助推器，给基础软件的发展提供了更强劲的支持力量。

使用较为广泛的国产 Linux 操作系统主要有中标麒麟、红旗 Linux、Deepin（深度操作系统）。

1.2　安装配置 Linux 操作系统

1.2.1　硬件基本要求

用较低的系统配置提供高效的系统服务是 Linux 设计的初衷之一。因此，安装 Linux 没有严格的系统配置要求，以下为 RHEL 7 安装的基本要求：

（1）CPU：Pentium 或者更高性能的处理器；

（2）内存：对于 X86、AMD64/Inter64 架构的主机，至少要求 512 MB 的内存；

（3）硬盘：至少 1 GB 的磁盘空间；

（4）显卡：VGA 兼容显卡。

1.2.2　准备工具软件

"工欲善其事，必先利其器"，在本单元学习过程中，需要搭建出为今后练习而使用的 RHEL 7 系统环境，使用虚拟机软件模拟出仿真系统，学习者不需要为了练习实验而特意购买一台新计算机。虚拟机能够让用户在一台计算机上模拟出多个操作系统的软件。一般来讲当前主流的硬件配置足以胜任安装虚拟机的任务，建议学习期间不要把 Linux 系统安装到真机上面。通过虚拟机软件安装的系统不仅可以模拟出硬件资源，把实验环境与真机文件分离保证数据安全，并且当操作失误或配置有误导致系统异常时，可以快速把操作系统还原至出错前的环境状态，进而减少重装系统的等待时间。

1. VMware Workstation 16 Pro——虚拟机软件（必需）

该软件是功能强大的桌面虚拟计算机软件，能够让用户在单一主机上同时运行多个不同的操作系统；同时支持实时快照、虚拟网络、克隆系统以及 PXE 等强悍功能。

2. rhel-server-7.0-x86_64-dvd.iso——RHEL7.0 操作系统（必需）

RHEL（RedHat Enterprise Linux）是 Red Hat 公司发布的面向企业用户的 Linux 操作系统。

1.2.3 安装配置 VM 虚拟机

1. 安装 VM 虚拟机

VMware WorkStation 是一款桌面计算机虚拟软件，让用户能够在单一主机上同时运行多个不同的操作系统。每个虚拟操作系统的硬盘分区、数据配置都是独立的，而且多台虚拟机可以构建为一个局域网。Linux 系统对硬件设备的要求很低，相关课程实验用虚拟机完全可以搞定，而且 VM 还支持实时快照、虚拟网络、拖动文件以及 PXE（Preboot Execute Environment，预启动执行环境）网络安装等方便实用的功能。

运行下载完成的 Vmware Workstation 虚拟机软件包，将会弹出图 1-1 所示的虚拟机程序安装向导初始界面。

在虚拟机软件的安装向导界面单击"下一步"按钮，如图 1-2 所示。

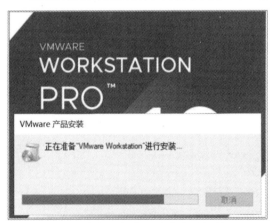
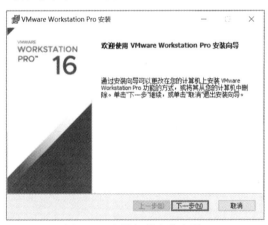

图 1-1　虚拟机软件的安装向导初始界面　　　图 1-2　虚拟机的安装向导

在最终用户许可协议界面选中"我接受许可协议中的条款"复选框，然后单击"下一步"按钮，如图 1-3 所示。

选择虚拟机软件的安装位置（可保持默认位置），选中"增强型键盘驱动程序"复选框后单击"下一步"按钮，如图 1-4 所示。

根据自身情况适当选择"启动时检查产品更新"与"加入 VMware 客户体验提升计划"复选框，然后单击"下一步"按钮，如图 1-5 所示。

选中"桌面"和"开始菜单程序文件夹"复选框，然后单击"下一步"按钮，如图 1-6 所示。

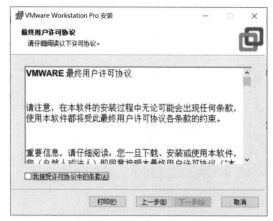

图 1-3　接受许可条款

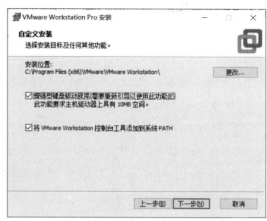

图 1-4　选择虚拟机软件的安装路径

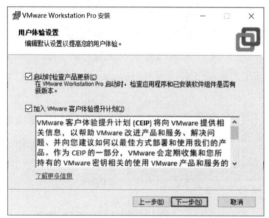

图 1-5　虚拟机的用户体验设置

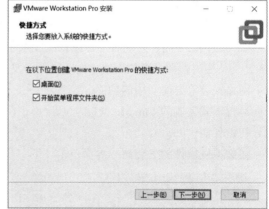

图 1-6　虚拟机图标的快捷方式生成位置

一切准备就绪后，单击"安装"按钮，如图 1-7 所示。

进入安装过程，耐心等待虚拟机软件的安装过程结束，如图 1-8 所示。

图 1-7　准备开始安装虚拟机

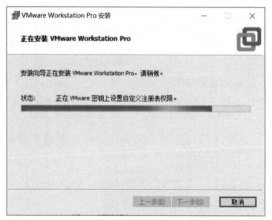

图 1-8　等待虚拟机软件安装完成

大约 3~5 min 后，虚拟机软件便会安装完成，然后再次单击"完成"按钮，如图 1-9 所示。

双击桌面上生成的虚拟机快捷图标，在弹出的图 1-10 所示的界面中，输入许可证密钥，单击"继续"按钮。

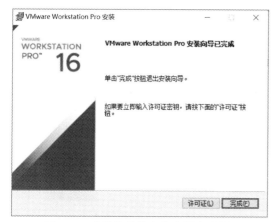

图 1-9 虚拟机软件安装向导完成界面

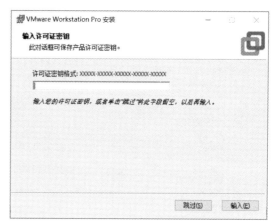

图 1-10 虚拟机软件许可验证界面

在出现"VMware Workstation Pro 安装向导已完成"界面后，单击"完成"按钮，如图 1-11 所示。
在出现的重启系统界面中，单击"是"按钮，立即重新启动系统完成配置，如图 1-12 所示。

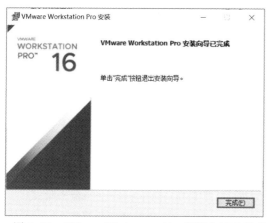

图 1-11 VMware Workstation Pro 安装向导已完成　　图 1-12 虚拟机软件的重启界面

注意：在安装完虚拟机之后，不能立即安装 Linux 系统，必须在虚拟机软件内设置操作系统的硬件标准。只有把虚拟机内系统的硬件资源模拟出来后才可以正式安装 Linux 操作系统。VM 虚拟机的强大之处在于不仅可以调取真实的物理设备资源，还可以模拟出多网卡或硬盘等资源，因此完全可以满足大家对学习环境的需求。

2. 配置 VM 虚拟机

在桌面上右击 VM 虚拟机快捷方式，在弹出的快捷菜单中选择"以管理员身份运行"命令，如图 1-13 所示，打开虚拟机软件的管理界面，如图 1-14 所示。

在图 1-14 中，单击"创建新的虚拟机"选项，并在弹出的"新建虚拟机向导"界面中选中"典型"单选按钮，然后单击"下一步"按钮，如图 1-15 所示。

选中"稍后安装操作系统"单选按钮，然后单击"下一步"按钮，如图 1-16 所示。

在图 1-17 中，将客户机操作系统选择为"Linux"，版本为"Red Hat Enterprise Linux 7 64 位"，然后单击"下一步"按钮。

图1-13 快捷菜单

图1-14 虚拟机软件的管理界面

图1-15 新建虚拟机向导

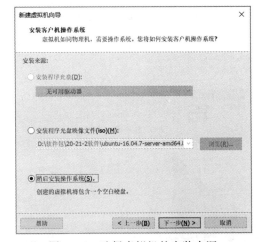
图1-16 选择虚拟机的安装来源

输入"虚拟机名称"字段,并在选择安装位置之后单击"下一步"按钮,如图1-18所示。

图1-17 选择操作系统的版本

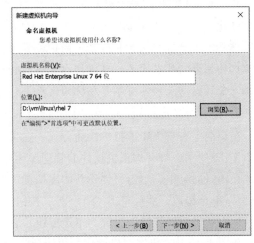
图1-18 命名虚拟机及设置安装路径

将虚拟机系统的"最大磁盘大小"设置为 20.0 GB（默认即可），然后单击"下一步"按钮，如图 1-19 所示。

单击"自定义硬件"按钮，如图 1-20 所示。

图 1-19　虚拟机最大磁盘大小　　　　　图 1-20　虚拟机的配置界面

弹出图 1-21 所示的"硬件"对话框，建议将虚拟机系统内存的可用量设置为 2 GB，最低不应低于 1 GB。如果自己的真机设备具有很强的性能，也建议将内存量设置为 2 GB，因为将虚拟机系统的内存设置得太大没有必要。

图 1-21　设置虚拟机的内存量

根据物理机的性能设置 CPU 处理器的数量以及每个处理器的核心数量，并开启虚拟化功能，如图 1-22 所示。

图 1-22 设置虚拟机的处理器参数

选择光驱设备，在"连接"区域选中"使用 ISO 镜像文件"单选按钮，并选中下载好的 RHEL 系统镜像文件，如图 1-23 所示。

图 1-23 设置虚拟机的光驱设备

VM 虚拟机软件为用户提供了 3 种可选的网络模式，分别为桥接模式、NAT 模式与仅主机模式。这里选择"NAT 模式",如图 1-24 所示。

图 1-24　设置虚拟机的网络适配器

- **桥接模式**:相当于在物理主机与虚拟机网卡之间架设了一座桥梁,从而可以通过物理主机的网卡访问外网。
- **NAT 模式**:让 VM 虚拟机的网络服务发挥路由器的作用,使得通过虚拟机软件模拟的主机可以通过物理主机访问外网,在真机中 NAT 虚拟机网卡对应的物理网卡是 VMnet8。
- **仅主机模式**:仅让虚拟机内的主机与物理主机通信,不能访问外网,在真机中仅主机模式模拟网卡对应的物理网卡是 VMnet1。

把 USB 控制器、声卡、打印机等不需要的设备移除。移除声卡后可以避免在输入错误后发出提示声音,确保自己在今后的实验中思绪不被打扰。然后单击"关闭"按钮,如图 1-25 所示。

图 1-25　最终的虚拟机配置情况

返回虚拟机配置向导界面后单击"完成"按钮,如图 1-26 所示。虚拟机的安装和配置顺利完成。

图 1-26　结束虚拟机配置

出现图 1-27 所示界面时，说明虚拟机已经配置成功。

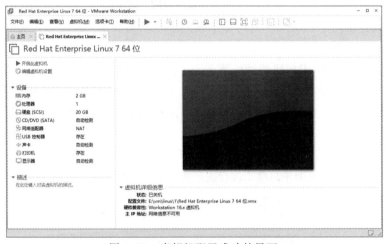

图 1-27　虚拟机配置成功的界面

3．安装 Linux 操作系统

安装 RHEL 7 系统的计算机的 CPU 必须支持 VT（Virtualization Technology，虚拟化技术）。VT 技术是单台计算机能够分割出多个独立资源区，并且每个资源区按照需要模拟出系统的一项技术，其本质是通过中间层实现计算机资源的管理和再分配，让系统资源的利用率最大化。

如果开启虚拟机后出现"CPU 不支持 VT 技术"等报错信息，请重启计算机后进入 BIOS 开启 VT 虚拟化功能即可。

在虚拟机管理界面中单击"开启此虚拟机"，启动虚拟机，如图 1-28 所示。成功引导系统后，出现图 1-29 所示的 RHEL 7 系统安装界面。

RHEL 7 系统安装界面说明：

Install Red Hat Enterprise Linux 7.0：安装 RHEL 7.0。

Test this media & install Red Hat Enterprise Linux 7.0：校验光盘完整性后再安装 RHEL 7.0。

Troubleshooting：启动救援模式。

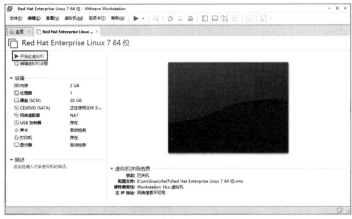

图 1-28　开启此虚拟机界面

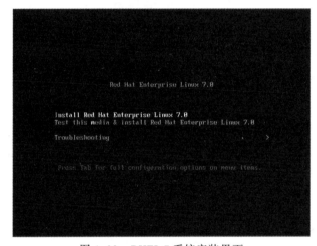

图 1-29　RHEL 7 系统安装界面

在图 1-29 所示界面中，通过方向键选择第一项，安装 Linux 系统，按【Enter】键，开始加载安装镜像，所需时间为 30~60 s，请耐心等待，如图 1-30 所示。

图 1-30　安装向导的初始化界面

选择系统的安装语言：English，单击 Continue 按钮，如图 1-31 所示，进入安装界面。在安装界面中单击 SOFTWARE SELECTION 选项，如图 1-32 所示。

图 1-31　选择系统的安装语言　　　　　　图 1-32　安装系统界面

RHEL 7 系统的软件定制界面可以根据用户的需求调整系统的基本环境，例如，把 Linux 系统用作基础服务器、文件服务器、Web 服务器或工作站等。此处选中 Server with GUI 单选按钮，然后单击左上角的 Done 按钮即可，如图 1-33 所示。

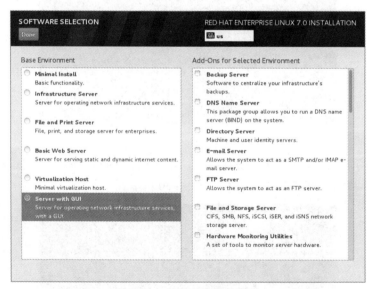

图 1-33　选择系统软件类型

返回 RHEL 7 系统安装主界面，单击 NETWORK & HOSTNAME 选项后，将 Hostname 字段设置为 studylinux.com，然后单击左上角的 Done 按钮，如图 1-34 所示。

返回安装主界面，单击 INSTALLATION DESTINATION 选项选择安装媒介并设置分区。此时不需要进行任何修改，单击左上角的 Done 按钮即可，如图 1-35 所示。

返回安装主界面，单击 Begin Installation 按钮后即可看到安装进度，此处选择 ROOT PASSWORD 选项，如图 1-36 所示。

图 1-34 配置网络和主机名

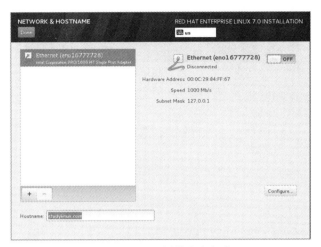

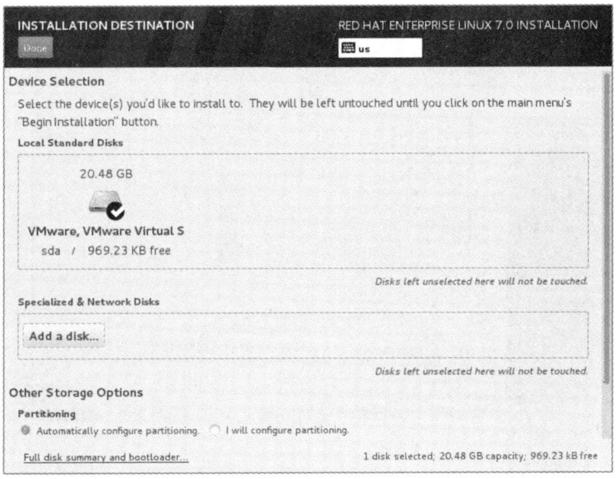

图 1-35 系统安装媒介的选择

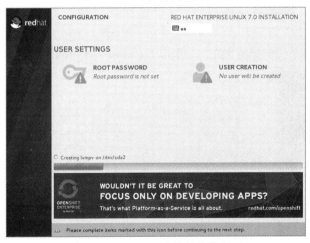

图 1-36 RHEL 7 系统的安装界面

设置 root 管理员的密码。如果所设置的密码过于简单，则需要单击两次左上角的 Done 按钮才可以确认，如图 1-37 所示。

提醒： 在生产环境中一定要让 root 管理员的密码足够复杂，否则系统将面临严重的安全问题。

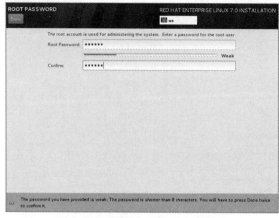

图 1-37 设置 root 管理员的密码

Linux 系统安装过程一般在 30～60 min，在安装过程期间耐心等待。安装完成后单击 Reboot 按钮，如图 1-38 所示。

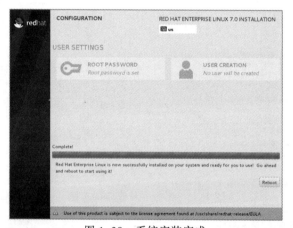

图 1-38 系统安装完成

重启系统后将看到系统的初始化界面，单击 LICENSE INFORMATION 选项，如图 1-39 所示。

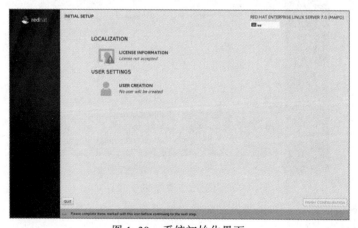

图 1-39 系统初始化界面

选中 I accept the license agreement 复选框，然后单击左上角的 Done 按钮，如图 1-40 所示。

图 1-40　同意许可说明书

返回初始化界面后单击 FINISH CONFIGURATION 选项，可看到 Kdump 服务的设置界面。在本书的实验中不调试系统内核，则取消选中 Enable kdump 复选框，单击 Forward 按钮，如图 1-41 所示。

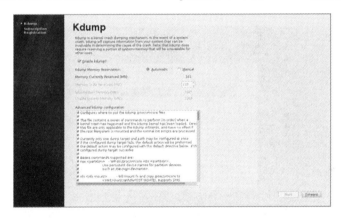

图 1-41　禁用 Kdump 服务

系统订阅界面如图 1-42 所示，此处设置为不注册系统，对后续的实验操作和生产工作均无影响。选中 No, I prefer to register at a later time 单选按钮，然后单击 Finish 按钮。

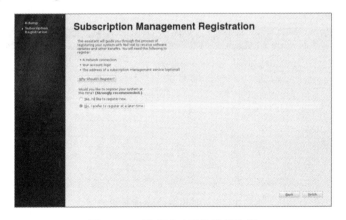

图 1-42　暂时不对系统进行注册

再次重启系统后，看到图 1-43 所示的系统欢迎界面。在界面中选择默认语言 English（United States），然后单击 Next 按钮。

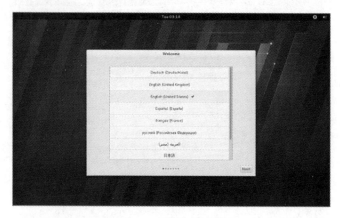

图 1-43　系统的语言设置

选择系统的输入来源类型为 English（US），单击 Next 按钮，如图 1-44 所示。

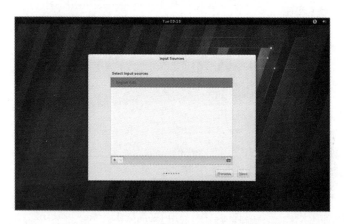

图 1-44　设置系统的输入来源类型

为 RHEL 7 系统创建一个本地的普通用户，该账户的用户名为 student，密码为 student，然后单击 Next 按钮，如图 1-45 所示。

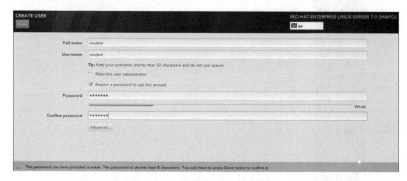

图 1-45　创建本地的普通用户

按照图 1-46 所示设置系统的时区，然后单击 Next 按钮。

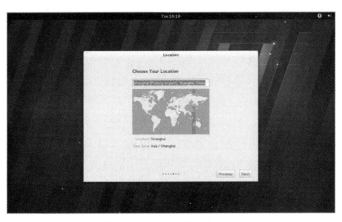

图 1-46 设置系统的时区

在图 1-47 所示界面中单击 Start using Red Hat Enterprise Linux Server 按钮，出现图 1-48 所示界面。至此，完成了 RHEL 7 系统全部的安装和部署工作。

图 1-47 系统初始化结束界面

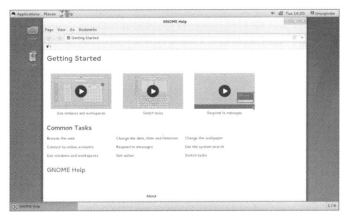

图 1-48 系统的欢迎界面

4．登录、关闭、重启 RHEL 7

Linux 的启动过程分为以下几个阶段，分别是：

阶段 1：主机上电加载 BIOS 后，读取磁盘主引导分区（MBR）中的启动引导程序。

阶段 2：系统根据启动引导程序的相关配置信息启动 Linux 操作系统，并加载 Linux 内核。

阶段 3：Linux 内核负责操作系统启动的前期工作，而后启动 INIT 进程。

阶段 4：INIT 进程是 Linux 操作系统中运行的第一个进程，该进程会读取/etc/inittab 配置文件，并根据配置文件执行相应的启动程序，并使系统进入相应的运行级别。Linux 的运行级别设定如下：

➢ 0：关机，系统停机状态，系统默认运行级别不能设为 0，否则 Linux 无法正常启动。

➢ 1：单用户，root 权限，用户系统维护，禁止远程登录。

➢ 2：字符界面的多用户模式，该模式下不能使用 NFS。

➢ 3：字符界面的完全多用户模式，标准运行级别，登录后进入控制台命令行模式。

➢ 4：未用。

➢ 5：图形界面的多用户模式，登录后进入图形 GUI 模式。

➢ 6：重启，系统正常关闭并重启，默认运行级别不能设置为 6，否则 Linux 将不断重启。

阶段 5：在不同的运行级别中，根据系统的设置启动相应的服务程序。

阶段 6：启动控制台程序，根据提示输入用户名和密码进行登录。

1）登录 Linux 操作系统

开启虚拟机，在图 1-49 所示界面中，单击 NOT LISTED 按钮。

图 1-49　登录 Linux 操作系统界面

在图 1-50 所示界面中，输入用户名（Username）为 root，单击 Next 按钮。进入下一界面，如图 1-51 所示，输入密码，单击 Sign In 按钮。至此，使用 root 用户登录 Linux 操作系统。

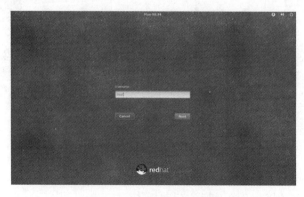

图 1-50　输入用户名界面

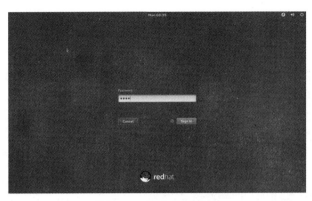

图 1-51　输入密码界面

2）关闭 Linux 操作系统

（1）图形方式退出。如图 1-52 所示，可以通过图形界面右上角的 root 按钮下拉菜单完成注销用户、锁定用户、关机和重启操作。

（2）字符方式退出。在 Linux 操作系统桌面上右击，在弹出的快捷菜单中选择 Open in Terminal 命令，如图 1-53 所示，打开命令行终端。

图 1-52　关机选项界面

图 1-53　快捷菜单

在终端中输入命令 poweroff 或者 shutdown now，即可实现关闭系统。

[root@studylinux Desktop]# poweroff

或者

[root@studylinux Desktop]# shutdown now

3）重启 Linux 操作系统

在终端中输入命令 reboot，实现重启系统。

[root@studylinux Desktop]# reboot

4）重置 root 管理员密码

用户使用 Linux 系统，必须通过密码验证才能登录。如果忘记了密码，只需简单几步就可以完成密码的重置工作。

首先确认是否为 RHEL 7 系统。如果是，继续执行后续操作。

```
[root@studylinux Desktop]# cat /etc/redhat-release
Red Hat Enterprise Linux Server release 7.0 (Maipo)
```

重启 Linux 系统主机，在引导界面出现时，按【E】键进入内核编辑界面，如图 1-54 所示。

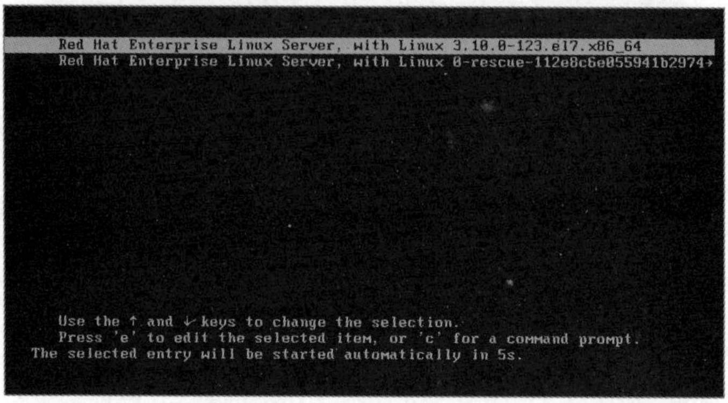

图 1-54 Linux 系统的引导界面

在 linux16 参数开头的这一行后面追加 "rd.break" 参数，按【Ctrl+X】组合键运行修改过的内核程序，如图 1-55 所示。

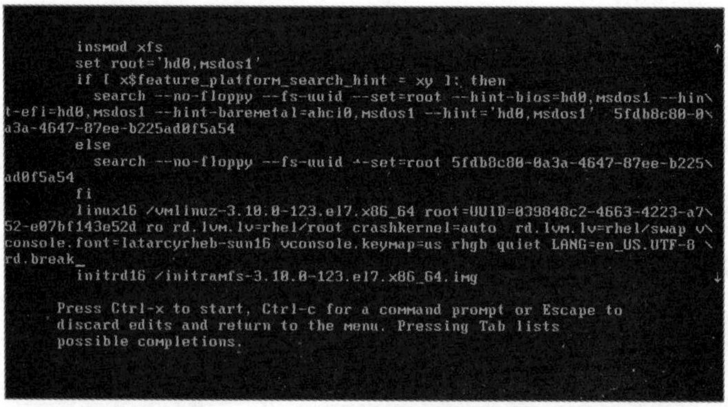

图 1-55 内核信息的编辑界面

约 30 s 后进入系统的紧急救援模式，如图 1-56 所示。

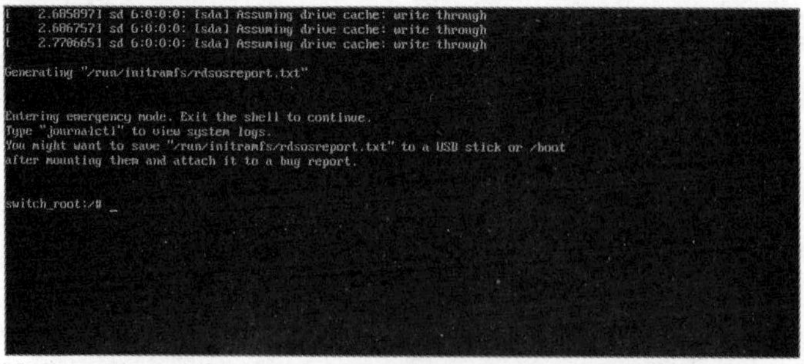

图 1-56 Linux 系统的紧急救援模式

依次输入以下命令，等待系统重启操作完毕，然后就可以使用新密码登录 Linux 系统了。命令行执行效果如图 1-57 所示。

```
mount -o remount,rw /sysroot      #挂载系统临时根目录，权限为可读写
chroot /sysroot                   #改变系统目录为临时挂载目录
```

```
passwd                              #输入新的密码
touch /.autorelabel                 #selinux 生效
exit
reboot
```

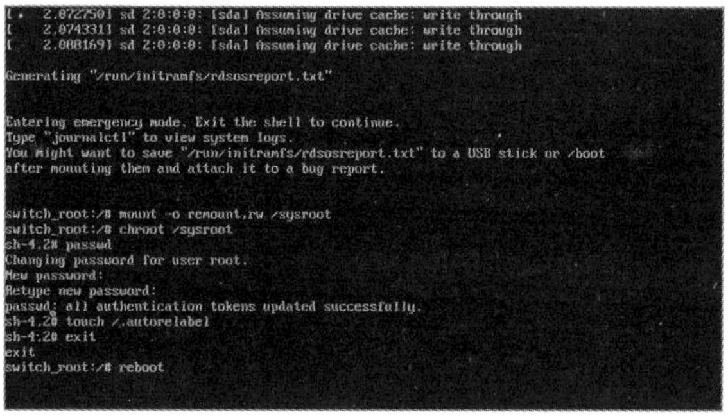

图 1-57 重置 Linux 系统的 root 管理员密码

单 元 实 训

【实训目的】

➢ 掌握在 VMware Workstation 中安装 RHEL 7 操作系统。

【实训内容】

在 VMware Workstation 中安装 RHEL 7 操作系统，要求设置硬盘大小为 30 GB，内存大小为 2 GB。安装时设定的分区及大小见表 1-2。

表 1-2 安装 RHEL 7 时设定的分区及大小

分 区 名 称	分 区 大 小
/boot	500 MB
/	8 GB
/home	8 GB
/var	8 GB
/swap	4 GB

单 元 习 题

一、填空题

1. Linux 的版本分为_____和_____。
2. Linux 默认的系统管理员账号是_____。

二、选择题

1. Linux 最早是由计算机爱好者（　　）开发的。
   A. Richard Petersen   B. Linus Torvalds

   C. Bob Pick   D. Linux Sarwar

2. 下列软件中（　　）是自由软件。

   A. Window Server 2012 R2   B. WPS Office

   C. Linux   D. QQ 音乐

3. 下列（　　）不是 Linux 的特点。

   A. 多用户   B. 多任务

   C. 设备独立性   D. 开放性

4. Linux 的内核版本 3.3.10 是（　　）版本。

   A. 不稳定   B. 稳定的

   C. 第三次修订   D. 第二次修订

三、简答题

1. 简述 Linux 的特点。
2. 忘记 Linux 密码如何解决？

单元 2　　网络参数配置

单元导读

本单元主要介绍 Vim 编辑器的使用方法；配置网络参数的两种常用方法：通过图形界面配置网络参数、通过修改配置文件设置网络参数；常用网络命令：ifconfig、ping、netstat 等使用。

学习目标

➢ 掌握 Vim 编辑器的使用；
➢ 掌握 Linux 中网络配置的相关文件；
➢ 掌握 Linux 中网络配置的相关参数；
➢ 掌握常用的网络配置命令；
➢ 管理 Linux 的常用网络服务。

2.1　Vim 文本编辑器的基础使用

Vi 编辑器是一个命令行界面下的文本编辑工具，是所有 Linux 发行版中最常见的文档编辑器，最早在 1976 年由 Bill Joy 开发，功能非常强大。Vim 是增强版的 Vi，被广泛应用于文本编辑、代码开发等。在本单元中，以 Vim 编辑器为例讲解其使用方法。

Vim 编辑器可以使用不同颜色显示文本内容，可以执行输出、删除、查找、替换、块操作等众多文本操作，是全屏幕文本编辑器，没有菜单，只有命令。具有三种基本工作模式——命令模式、末行模式和编辑模式，每种模式分别又支持多种不同的命令快捷键，极大地提高了工作效率。这三种基本工作模式的区别以及模式之间的切换方法如图 2-1 所示。

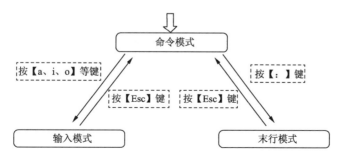

图 2-1　Vim 编辑器模式的切换方法

（1）命令模式：控制光标移动，可对文本进行复制、粘贴、删除和查找等操作。

（2）输入模式：正常的文本录入。

（3）末行模式：保存或退出文档，以及设置编辑环境。

运行 Vim 编辑器时，默认进入命令模式，此时需要先切换到输入模式后再进行文档编写工作，而每次在编写完文档后需要先返回命令模式，然后再进入末行模式，执行文档的保存或退出操作。在 Vim 中，无法直接从输入模式切换到末行模式。Vim 编辑器中内置的命令非常丰富，Vim 中常用的命令及功能见表 2-1。

表 2-1 Vim 中常用的命令

命令	功能
dd	删除（剪切）光标所在整行
ndd	删除（剪切）从光标处开始的 n 行，如 5dd 表示删除从光标处开始的 5 行
yy	复制光标所在整行
nyy	复制从光标处开始的 n 行，如 5yy 表示复制从光标处开始的 5 行
n	显示搜索命令定位到的下一个字符串
N	显示搜索命令定位到的上一个字符串
u	撤销上一步操作
p	将之前删除（dd）或复制（yy）过的数据粘贴到光标后面

末行模式主要用于保存或退出文件，以及设置 Vim 编辑器的工作环境，还可以让用户执行外部的 Linux 命令或跳转到所编写文档的特定行数。在命令模式中输入一个冒号就可以切换到末行模式。末行模式中可用的命令及功能见表 2-2。

表 2-2 末行模式中可用的命令

命令	功能
:w	保存
:q	退出
:q!	强制退出（放弃对文档的修改内容）
:wq!	强制保存退出
:set nu	显示行号
:set nonu	不显示行号
:命令	执行该命令
:整数	跳转到该行
:s/one/two	将当前光标所在行的第一个 one 替换成 two
:s/one/two/g	将当前光标所在行的所有 one 替换成 two
:%s/one/two/g	将全文中的所有 one 替换成 two
?字符串	在文本中从下至上搜索该字符串
/字符串	在文本中从上至下搜索该字符串

2.1.1 编写一个简单的脚本文档

第 1 步：将新文件命名为 practice.txt。如果存在该文档，则使用 Vim 编辑器打开该文档。如果文档不存在，则创建一个临时的输入文件，如图 2-2 所示。

图 2-2　创建/打开 practice.txt 文档

第 2 步：切换 Vim 编辑器工作模式。打开 practice.txt 文档后，默认进入的是 Vim 编辑器的命令模式，如图 2-3 所示。在命令模式下不能随意输入文本内容，必须切换到输入模式编写文档。

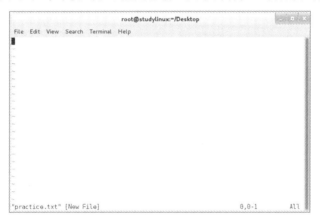

图 2-3　Vim 编辑器命令模式

在 Vim 编辑器中，从命令模式切换到输入模式可以按【a、i 或 o】键。其中，按【a】键是在光标后面一位的位置切换到输入模式，按【i】键是在光标当前位置切换到输入模式，按【o】键则是在光标的下面再创建一个空行。如图 2-4 所示，按【a】键进入到编辑器的输入模式。

图 2-4　切换至编辑器的输入模式

在输入模式中,Vim 编辑器不会把输入的文本内容当作命令执行,此时可以输入任意文本内容,如图 2-5 所示。

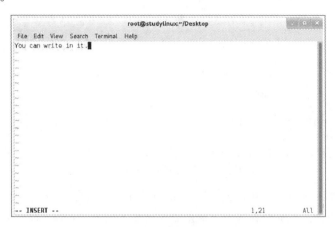

图 2-5　在编辑器中输入文本内容

第 3 步:切换模式并保存文档。文档编写完成之后,必须先按【Esc】键从输入模式返回命令模式,如图 2-6 所示。然后输入 ":wq!" 完成强制保存并退出文档操作,如图 2-7 所示。

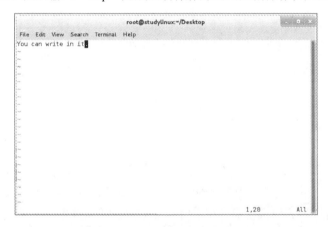

图 2-6　Vim 编辑器的命令模式

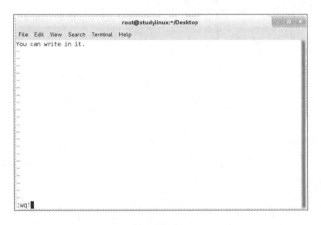

图 2-7　Vim 编辑器的末行模式

第 4 步：查看文档内容。使用 cat 命令查看保存后的文档内容，如图 2-8 所示。

图 2-8　查看文档内容

第 5 步：在原有文本内容的下面追加内容。在命令模式中按【o】键进入输入模式，可提高工作效率，操作如图 2-9～图 2-11 所示。

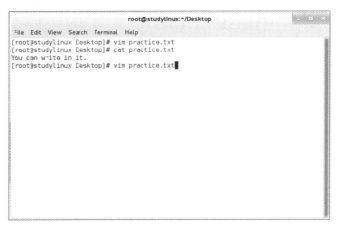

图 2-9　再次通过 Vim 编辑器编写文档

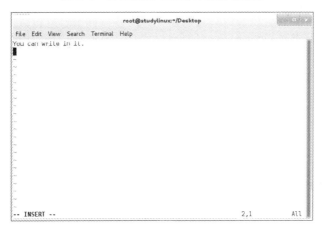

图 2-10　进入 Vim 编辑器的输入模式

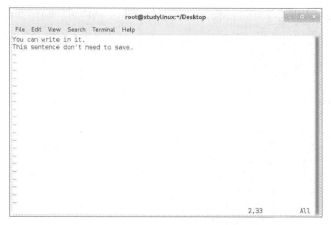

图 2-11　追加写入一行文本内容

因为此时已经修改了文本内容，所以 Vim 编辑器拒绝执行使用 ":q" 命令直接退出文档而不保存。此时只能强制退出才可以结束本次输入操作，如图 2-12～图 2-14 所示。

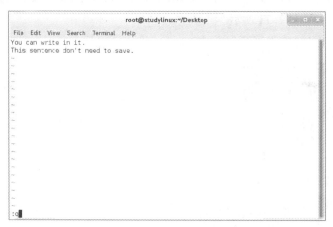

图 2-12　尝试退出文本编辑器

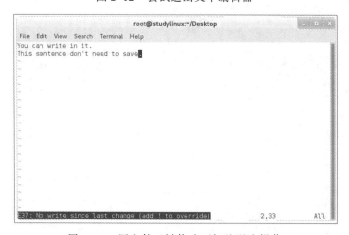

图 2-13　因文件已被修改而拒绝退出操作

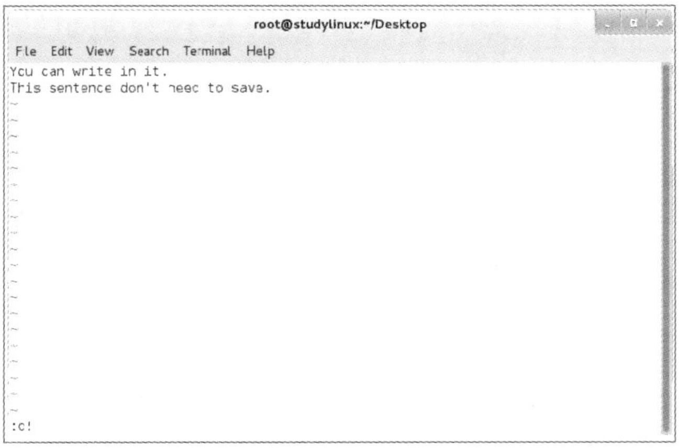

图 2-14　强制退出文本编辑器

再次使用 cat 命令查看文本的内容，发现追加输入的内容并没有被保存下来，如图 2-15 所示。

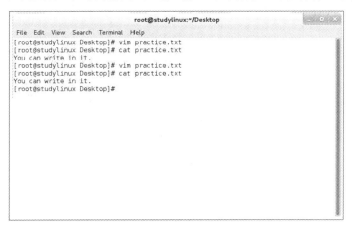

图 2-15　查看最终编写的文本内容

2.1.2　Vim 小技巧

1．显示行号

显示当前行是第几行的方法很多，可以通过为文档添加行号来实现，添加行号的方法是在命令模式下输入:set number 或者简写为:set nu 即可，如图 2-16 所示。

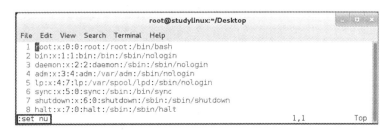

图 2-16　显示行号

2．忽略大小写

在 Vim 中查找信息时，可能不清楚所要查询的关键词的大小写，而 Vim 是默认区分大小写的。

此时，可以在命令模式下输入:set ignorecase，实现忽略大小写，如图 2-17 所示。

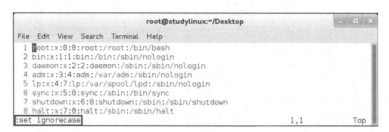

图 2-17　忽略大小写

3．多窗口编辑

当需要同时编辑多个文档时，可以在命令模式下输入:split，开启窗口分隔模式，如图 2-18 所示。默认的:split 为水平分割窗口，垂直分割可以使用:vsplit 命令，如图 2-19 所示。

图 2-18　水平分隔窗口

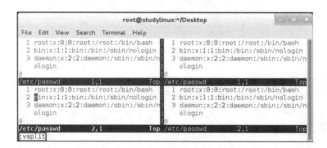

图 2-19　垂直分隔窗口

此时，可以实现编辑同一个文档的不同行，可以使用表 2-3 所示快捷方式切换窗口。

表 2-3　切换窗口的快捷方式

快 捷 键	功　　能
Ctrl+W+H	跳转至左边一个窗口
Ctrl+W+J	跳转至上面一个窗口
Ctrl+W+L	跳转至右边一个窗口
Ctrl+W+K	跳转至下面一个窗口

在命令模式下，输入:close 关闭当前窗口。

在命令模式下，输入:split second.txt，此命令会分隔窗口并打开新的文件，如此实现多窗口多文件的编辑工作。

4. 执行 shell 命令

使用 Vim 编辑文档的过程中,如需执行一条 Shell 命令而不想退出 Vim 编辑器,可以通过:!{命令}的方式实现。例如,需要查看当前目录下文档的名称,则在命令模式下输入指令:!ls 即可,执行完成后按【Enter】键返回 Vim 编辑器。

5. 自动补齐

如果要输入的内容在前面的行中已经出现过,那么 Vim 可以根据上文内容自动补齐输入。例如,在文件第三行定义了一个变量 MYFIRST_VAR=180,以后需要再次输入 MYFIRST_VAR 时,可以仅输入 MY 后按【Ctrl+N】组合键,实现自动补齐功能。

2.1.3 使用 Yum 软件仓库

Yum 软件仓库,是为了进一步简化 RPM 管理软件的难度以及自动分析所需软件包及其依赖关系的技术。可以把 Yum 想象成一个硕大的软件仓库,里面保存着几乎所有常用工具,只需要说出所需的软件包名称,系统就会自动完成一切。

1. 详解/etc/yum.repos.d/*.repo 文件

使用 Yum 软件仓库,首先要把软件仓库搭建起来,然后确定其配置规则。在/etc/yum.repos.d/目录中,使用 Vim 编辑器创建一个名为 dvd.repo 的新配置文件,yum 软件仓库配置文件的扩展名必须为.repo。其内容如下:

```
[root@studylinux ~]# cd /etc/yum.repos.d/
[root@studylinux yum.repos.d]# vim dvd.repo
[dvd]
name=dvd
baseurl=file:///mnt/cdrom
enabled=1
gpgcheck=0
```

- ➢ **[dvd]**:Yum 软件仓库唯一标识符,避免与其他仓库冲突。
- ➢ **name=dvd**:Yum 软件仓库的名称描述,易于识别仓库用处。
- ➢ **baseurl=file:///mnt/cdrom**:提供的方式包括 FTP(ftp://..)、HTTP(http://..)、本地(file:///..)。
- ➢ **enabled=1**:设置此源是否可用;1 为可用,0 为禁用。
- ➢ **gpgcheck=1**:设置此源是否校验文件;1 为校验,0 为不校验。
- ➢ **gpgkey=file:///mnt/cdrom/RPM-GPG-KEY-redhat-release**:若上面参数开启校验,指定公钥文件地址。

2. mkdir 命令

Yum 源仓库文件编写完毕后,要先使用 mkdir 命令创建挂载点,然后使用 mount 命令进行挂载操作,全部步骤完成后才能够进行软件的安装。

执行 Linux 命令的格式如下:

命令名称 [命令参数] [命令对象]

注意:命令名称、命令参数、命令对象之间用空格分隔。

命令对象一般是指要处理的文件、目录、用户等资源,命令参数可以用长格式(完整的选项名称),也可以用短格式(单个字母的缩写),两者分别用--与-作为前缀,示例见表 2-4。

表 2-4 命令参数的长格式与短格式示例

长格式	man --help
短格式	man -h

mkdir 命令是"make directories"的缩写，用来创建目录。

注意：默认状态下，如果要创建的目录已经存在，则提示已存在，而不会继续创建目录。所以在创建目录时，应保证新建的目录与其所在目录下的文件没有重名。mkdir 命令还可以同时创建多个目录。

语法格式：

mkdir [参数] [目录]

mkdir 命令常用参数及其含义见表 2-5。

表 2-5 mkdir 命令的参数及含义

常用参数	含义
-p	递归创建多级目录
-m	建立目录的同时设置目录的权限
-z	设置安全上下文
-v	显示目录的创建过程

【例 2-1】按照 yum 源配置文件，创建挂载点目录/mnt/cdrom

[root@studylinux yum.repos.d]# mkdir -p /mnt/cdrom

3．mount 命令

mount 命令用于挂载文件系统。此命令最常用于挂载 cdrom，使用户可以访问 cdrom 中的数据。因为当光盘被插入 cdrom 时，Linux 并不会自动挂载，必须使用 Linux mount 命令手动完成挂载。

语法格式：

mount 文件系统 挂载目录

mount 命令的常用参数及含义见表 2-6。

表 2-6 mount 命令的参数及含义

常用参数	含义
-t	指定挂载类型
-a	加载文件"/etc/fstab"中描述的所有文件系统

【例 2-2】将光驱挂载至/mnt/cdrom 目录下。

[root@studylinux yum.repos.d]# mount /dev/cdrom /mnt/cdrom

注意：上述 mount 命令挂载的硬件设备，在系统重启后失效。

4．详解/etc/fstab 文件

若要将硬件设备设置为开机自动挂载，必须要在/etc/fstab 文件中添加相关数据进行设置。/etc/fstab 文件格式如下：

设备文件 挂载目录 格式类型 权限选项 是否备份 是否自检

/etc/fstab 文件各字段的含义见表 2-7。

表 2-7　/etc/fstab 文件各字段的含义

字　　段	含　　义
设备文件	一般为设备的路径+设备名称，也可以写唯一识别码（Universally Unique Identifier，UUID）
挂载目录	指定要挂载到的目录，需在挂载前创建好
格式类型	指定文件系统的格式，如 Ext3、Ext4、XFS、SWAP、iso9660（此为光盘设备）等
权限选项	若设置为 defaults，则默认权限为：rw、suid、dev、exec、auto、nouser、async
是否备份	若为 1 则开机后使用 dump 进行磁盘备份，为 0 则不备份
是否自检	若为 1 则开机后自动进行磁盘自检，为 0 则不自检

【例 2-3】将硬件设备/dev/cdrom 在开机后自动挂载到/mnt/cdrom 目录上，并保持默认权限且无须开机自检，需要在/etc/fstab 文件中写入下面的信息，这样在系统重启后也会成功挂载。

```
[root@studylinux ~]# vim /etc/fstab
#
# /etc/fstab
# Created by anaconda on Wed May 4 19:26:23 2021
#
# Accessible filesystems, by reference, are maintained under '/dev/disk'
# See man pages fstab(5), findfs(8), mount(8) and/or blkid(8) for more info
#
/dev/mapper/rhel-root                       /             xfs    defaults    1 1
UUID=812b1f7c-8b5b-43da-8c06-b9999e0fe48b  /boot          xfs    defaults    1 2
/dev/mapper                                /rhel-swap     swap swap defaults 0 0
/dev/cdrom                                 /mnt/cdrom     iso9660 defaults   0 0
```

2.1.4　Yum 常见问题分析

1. 软件安装的时间问题

在安装软件时，系统有时会提示"warning:clock skew detected."错误，这说明系统时间发生了严重错误，可以通过 date –s"2021-11-7 21:00"命令格式修改系统时间，并通过命令 hwclock –w 更新写入 CMOS 时间。

2. Yum 源文件无法正常使用的问题

初学者学习使用 Yum 源安装软件时，经常会出现 Yum 源文件无法正常使用的问题。

3. Yum 繁忙问题

当使用 Yum 命令进行安装、查询时，系统有时会提示如下信息：
```
Loaded plugins: fastetmirror,refresh-packagekt,security
Existing lock /var/run/yum.pid:another copy is running as pid 12345.
Another app is currently holding the yum lock;waiting for it to exit...
  The other aoolication is :yum
    Memory:23 M RSS (904 MB VSZ)
    Started : Tue Jan 2rd 16:30:25 2021 - 00:09 ago
    State  :Sleeping, pid:12345
```

该提示说明有另外一个程序正在使用 Yum 而导致了 Yum 被锁。有时候系统在后台进行自动升级时就会提示该信息，如果你确实想终止该 Yum 程序，可以使用 kill 命令杀死提示信息中的 pid 号，上面的提示信息说明 pid 为 12345 的进程正在使用 Yum，执行 kill 12345 即可终止该进程。或者通过重启计算机的方式也可以关闭正在调用 Yum 的进程。

2.2 配置网络参数

Linux 操作系统下可以通过修改相应的配置文件来改变主机名、域名、域名服务器、IP 地址、子网掩码和默认网关地址等，这些配置文件一般都存放在/etc/目录下。

2.2.1 常用网络配置文件

1. 详解/etc/hostname 文件

为了便于在局域网中查找某台特定的主机，除了要指定主机的 IP 地址外，还要为主机配置一个主机名，主机之间可以通过主机名相互访问。在 Linux 系统中，主机名大多保存在/etc/hostname 文件中。接下来将/etc/hostname 文件的内容修改为"studylinux.com"，步骤如下。

第 1 步：使用 Vim 编辑器修改 "/etc/hostname" 文件。
第 2 步：在文件中，删除原始主机名称，然后追加 "studylinux.com"。
第 3 步：在末行模式下执行:wq!命令保存并退出文档。
第 4 步：使用 hostname 命令，检查主机名是否修改成功。

```
[root@studylinux ~] hostname
studylinux.com
```

hostname 命令用于查看当前的主机名称。但有时改变主机名称后，不会立即同步到系统中，所以如果发现修改完成后还显示原来的主机名称，可重启虚拟机后再进行查看：

```
[root@studylinux ~] hostname
studylinux.com
```

2. 详解/etc/hosts 文件

/etc/hosts 文件是 Linux 操作系统中负责 IP 地址与域名快速解析的文件，文件中包含了 ip 地址与主机名之间的映射，还包括主机的别名。在没有域名解析服务器的情况下，系统中的所有网络程序都通过查询该文件来解析对应于某个主机名的 IP 地址。该文件的默认内容如下：

```
127.0.0.1 localhost localhost.localdomain localhost4 localhost4.localhostdomain4
::1 localhost localhost.localdomain localhost6 localhost6.localhostdomain6
```

说明：一般情况下，hosts 文件的每一行代表一个主机的映射关系，每行由三部分组成，每个部分由空格隔开。其中#号开头的行为注释行，不被系统解释，各部分所代表的含义如下：

第一部分：网络 IP 地址；
第二部分：主机名或域名；
第三部分：主机名别名。
每行也可以是两部分，即网络 IP 地址和主机名。

3. 详解/etc/resolv.conf 文件

该文件中记录着计算机的域名（domain name）和域名服务器的 IP 地址。若域名服务器的 IP 地址是 192.168.10.254，域名为 study.com，并设置 DNS 搜寻路径，文件内容如下所示：

```
[root@studylinux ~]cat /etc/resolv.conf
nameserver 192.168.10.254
```

```
search study.com
domain study.com
```

4. 详解/etc/host.conf 文件

当存在多种主机名称的解析方式时，可以利用/etc/host.conf 文件定义主机名称解析的顺序。文件中的每一行均以一个关键字开始，后面跟适当的配置信息。其中一个常用的关键字为 order，表示主机名称解析的顺序，后面跟有一个或多个名字解析方法，中间以逗号","作为分隔符。可以选用的解析方法有 hosts 和 bind（即 DNS）等。文件示例如下：

```
[root@studylinux ~]cat /etc/host.conf
multi on
order hosts,bind
```

上述文件内容表示，在解析主机名称时，首先使用/etc/hosts 文件。如果 hosts 文件不能满足需求，再使用 DNS 解析主机名。

5. 详解/etc/services 文件

/etc/services 文件中记录各种网络名称和该网络服务对应使用的端口号以及协议的映射关系。文件中的每一行对应一种服务，每一行由 4 个字段组成，中间用【Tab】键或空格分隔，分别表示"服务名称""使用端口""协议名称""别名"。文件部分内容示例如下：

```
ftp 21/tcp
ftp 21/udp   fsp fspd
ssh 22/tcp
ssh 22/udp
```

说明：由于/etc/services 文件包含了服务名称和端口号之间的映射关系，很多系统程序都要使用该文件。一般情况下，不建议修改该文件的内容，以免产生系统冲突，造成用户无法正常访问资源。

2.2.2 配置网卡信息

正确配置网卡 IP 地址，是两台服务器之间能够相互通信的前提。

1. 使用配置文件配置网卡信息

在 Linux 系统中，一切都是文件，因此配置网络服务的工作其实就是在编辑网卡配置文件，因此这个小任务不仅可以练习使用 Vim 编辑器，而且也为后面学习 Linux 中的各种服务配置打下了坚实的基础。

在 RHEL 7 中，网卡配置文件的前缀以 ifcfg 开始，加上网卡名称共同组成了网卡配置文件的名字，如 ifcfg-eno16777728。

现在有一个名为 ifcfg-eno16777728 的网卡设备，需要将其配置为开机自启动，并且 IP 地址、子网、网关等信息由人工指定，其步骤如下所示。

第 1 步：切换到/etc/sysconfig/network-scripts 目录，网卡配置文件即保存在该目录下。

第 2 步：使用 Vim 编辑器修改网卡文件 ifcfg-eno16777728，逐项写入下面的配置参数并保存退出。由于每台设备的硬件及架构不一样，因此须使用 ifconfig 命令自行确认网卡的默认名称。

➢ 设备类型：TYPE=Ethernet
➢ 地址分配模式：BOOTPROTO=static
➢ 网卡名称：NAME=eno16777728
➢ 是否启动：ONBOOT=yes

➢ IP 地址：IPADDR=192.168.10.10
➢ 子网掩码：NETMASK=255.255.255.0
➢ 网关地址：GATEWAY=192.168.10.1
➢ DNS 地址：DNS1=192.168.10.1

第 3 步：重启网络服务并测试网络是否连通。

进入网卡配置文件所在的目录，然后编辑网卡配置文件，在其中输入下列信息：

```
[root@studylinux ~]# cd /etc/sysconfig/network-scripts/
[root@studylinux network-scripts]# vim ifcfg-eno16777728
TYPE=Ethernet
BOOTPROTO=static
NAME=eno16777728
ONBOOT=yes
IPADDR=192.168.10.10
NETMASK=255.255.255.0
GATEWAY=192.168.10.1
DNS1=192.168.10.1
```

执行重启网卡设备的命令，在正常情况下不会有提示信息。然后通过 ping 命令测试网络能否连通。因为在 Linux 系统中 ping 命令不会自动终止，故需要手动按【Ctrl+C】组合键强行结束进程。

```
[root@studylinux network-scripts]# systemctl restart network
[root@studylinux network-scripts]# ping 192.168.10.10
PING 192.168.10.10 (192.168.10.10) 56(84) bytes of data.
64 bytes from 192.168.10.10: icmp_seq=1 ttl=64 time=0.081 ms
64 bytes from 192.168.10.10: icmp_seq=2 ttl=64 time=0.083 ms
64 bytes from 192.168.10.10: icmp_seq=3 ttl=64 time=0.059 ms
64 bytes from 192.168.10.10: icmp_seq=4 ttl=64 time=0.097 ms
^C
--- 192.168.10.10 ping statistics ---
4 packets transmitted, 4 received, 0% packet loss, time 2999ms
rtt min/avg/max/mdev = 0.059/0.080/0.097/0.013 ms
```

2．使用 nmtui 命令配置网络参数

下面使用 nmtui 命令来配置网络，其具体配置步骤如图 2-20～图 2-27 所示。当遇到不容易理解的内容时，进行解释说明。

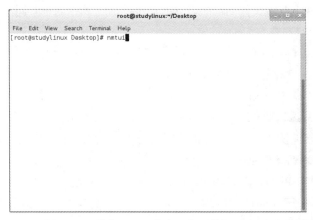

图 2-20　执行 nmtui 命令运行网络配置工具

图 2-21　选中 Edit a connection 并按【Enter】键

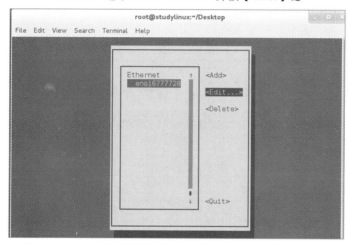

图 2-22　选中要编辑的网卡名称，然后按 Edit（编辑）按钮

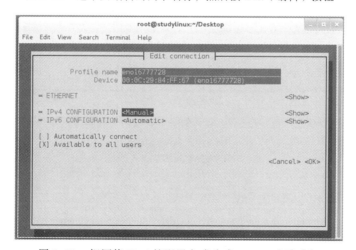

图 2-23　把网络 IPv4 的配置方式改成 Manual（手动）

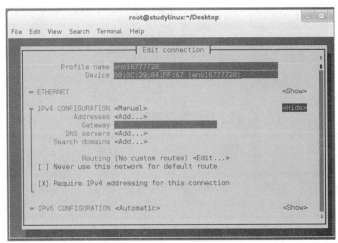

图 2-24　按 Show（显示）按钮显示信息配置框

在服务器主机的网络配置信息中输入 IP 地址 192.168.10.10/24。

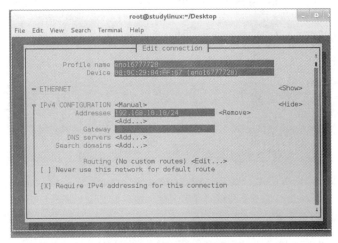

图 2-25　输入 IP 地址

至此，在 Linux 系统中使用 nmtui 命令配置网络的步骤就结束了。

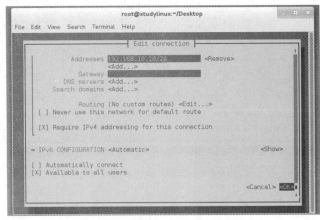

图 2-26　单击 OK 按钮保存配置

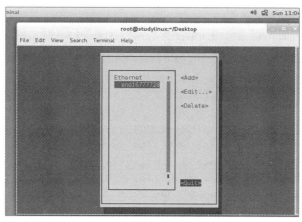

图 2-27 单击 Quit 按钮退出

```
[root@studylinux ~]# vim /etc/sysconfig/network-scripts/ifcfg-eno16777728
TYPE=Ethernet
BOOTPROTO=none
DEFROUTE=yes
IPV4_FAILURE_FATAL=no
IPV6INIT=yes
IPV6_AUTOCONF=yes
IPV6_DEFROUTE=yes
IPV6_FAILURE_FATAL=no
NAME=eno16777728
UUID=ec77579b-2ced-481f-9c09-f562b321e268
ONBOOT=yes
IPADDR0=192.168.10.10
HWADDR=00:0C:29:C4:A4:09
PREFIX0=24
IPV6_PEERDNS=yes
IPV6_PEERROUTES=yes
```

修改完 Linux 系统中的服务配置文件后,并不能立即产生效果。要想让服务程序获取到最新的配置文件,需要手动重启相应的服务,之后就可以看到网络畅通了:

```
[root@studylinux ~]# systemctl restart network
[root@studylinux ~]# ping -c 4 192.168.10.10
PING 192.168.10.10 (192.168.10.10) 56(84) bytes of data.
64 bytes from 192.168.10.10: icmp_seq=1 ttl=64 time=0.056 ms
64 bytes from 192.168.10.10: icmp_seq=2 ttl=64 time=0.099 ms
64 bytes from 192.168.10.10: icmp_seq=3 ttl=64 time=0.095 ms
64 bytes from 192.168.10.10: icmp_seq=4 ttl=64 time=0.095 ms

--- 192.168.10.10 ping statistics ---
4 packets transmitted, 4 received, 0% packet loss, time 2999ms
rtt min/avg/max/mdev = 0.056/0.086/0.099/0.018 ms
```

2.2.3 常用的网络命令

1. ifconfig 命令

ifconfig 命令用于获取网卡配置与网络状态等信息。命令格式:

ifconfig [网络设备] [参数]

使用 ifconfig 命令查看本机当前的网卡配置与网络状态等信息时，主要查看的就是网卡名称、inet 参数后面的 IP 地址、ether 参数后面的网卡物理地址（又称 MAC 地址），以及 RX、TX 的接收数据包与发送数据包的个数及累计流量（即下面加粗的信息内容）：

```
[root@studylinux ~]# ifconfig
eno16777728: flags=4163<UP,BROADCAST,RUNNING,MULTICAST>  mtu 1500
        inet 192.168.10.10   netmask 255.255.255.0  broadcast 192.168.10.255
        inet6 fe80::20c:29ff:fec4:a409  prefixlen 64  scopeid 0x20<link>
        ether 00:0c:29:c4:a4:09  txqueuelen 1000  (Ethernet)
        RX packets 36  bytes 3176 (3.1 KiB)
        RX errors 0  dropped 0  overruns 0  frame 0
        TX packets 38  bytes 4757 (4.6 KiB)
        TX errors 0  dropped 0  overruns 0  carrier 0  collisions 0

lo: flags=73<UP,LOOPBACK,RUNNING>  mtu 65536
        inet 127.0.0.1  netmask 255.0.0.0
        inet6 ::1  prefixlen 128  scopeid 0x10<host>
        loop  txqueuelen 0  (Local Loopback)
        RX packets 386  bytes 32780 (32.0 KiB)
        RX errors 0  dropped 0  overruns 0  frame 0
        TX packets 386  bytes 32780 (32.0 KiB)
        TX errors 0  dropped 0  overruns 0  carrier 0  collisions 0
```

2. hostname 命令

hostname 命令用于显示和临时设置系统的主机名称，重启后设置失效。如果需要永久修改主机名，需要修改/etc/hosts 文件。hostname 命令的语法格式为：

hostname [主机名]

【例 2-4】显示当前系统主机名。

[root@studylinux ~]# hostname

3. ping 命令

ping 命令主要用来测试主机之间网络的连通性。执行 ping 命令会使用 ICMP 传输协议，发出要求回应的信息，若远端主机的网络功能没有问题，就会回应该信息，从而得知该主机运作正常。

注意：Linux 系统下的 ping 命令与 Windows 系统下的 ping 命令稍有不同。Windows 下运行 ping 命令一般会发出 4 个请求就结束运行该命令；而在 Linux 下 ping 命令不会自动终止，此时需要按【Ctrl+C】组合键终止或者使用-c 参数为 ping 命令指定发送的请求数目。

语法格式：

ping [参数] [目标主机]

ping 命令常用参数及含义见表 2-8。

表 2-8 ping 命令的参数及含义

常用参数	含　义
-c	指定发送报文的次数
-i	指定收发信息的间隔时间

【例 2-5】检测与网关 192.168.10.2 之间的连通关系。

```
[root@studylinux ~]# ping 192.168.10.2
```

4．netstat 命令

netstat 命令用于显示各种网络相关信息，如网络连接、路由表、接口状态 (Interface Statistics)、masquerade 连接、多播成员 (Multicast Memberships) 等。

语法格式：

netstat [参数]

netstat 命令常用参数及含义见表 2-9。

表 2-9　netstat 命令常用参数及含义

常用参数	含　　义	常用参数	含　　义
-a	显示所有连线中的 Socket	-n	直接使用 IP 地址，不通过域名服务器
-p	显示正在使用 Socket 的程序识别码和程序名称	-t	仅显示与 TCP 传输协议相关的内容
-u	显示 UDP 传输协议的连线状况	-l	仅列出处于 Listen（监听）的服务状态
-i	显示网络界面信息表单		

【例 2-6】查看网络状态。

```
[root@studylinux ~]# netstat
Active Internet connections (w/o servers)
Proto   Recv-Q Send-Q Local Address           Foreign Address         State
tcp          0      0 210.134.6.89:telnet     210.134.6.96:2873       ESTABLISHED
tcp          0      0 210.134.6.89:1165       210.134.6.84:netbios-ssn ESTABLISHED
tcp          0      0 localhost:9001          localhost:1162          ESTABLISHED
tcp          0      0 localhost:1162          localhost:9001          ESTABLISHED
Active UNIX domain sockets (w/o servers)
Proto RefCnt Flags       Type       State         I-Node   Path
Unix  3      [ ]         DGRAM                    18442    /run/systemd/notify
Unix  2      [ ]         DGRAM                    18444    /run/systemd/cgroups-agent
Unix  2      [ ]         DGRAM                    23822    /var/run/chrony/chronyd.sock
unix  8      [ ]         DGRAM                    18455    /run/systemd/journal/socket
unix  18     [ ]         DGRAM                    18457    /dev/log
unix  2      [ ]         DGRAM                    14151    /var/run/nscd/socket
```

在此命令中，netstat 的输出结果分为两部分，一部分是 Active Internet connections，称为有源 TCP 连接，其中"Recv-Q"和"Send-Q"指接收队列和发送队列。这些数字一般都是 0。如果不是，则表示软件包正在队列中堆积。这种情况很少见到。

另一部分是 Active UNIX domain sockets，称为有源 UNIX 域套接口(和网络套接字一样，但是只能用于本机通信，性能可以提高一倍)。Proto 显示连接使用的协议，RefCnt 表示连接到本套接口上的进程号，Type 显示套接口的类型，State 显示套接口当前的状态，Path 表示连接到套接口的其他进程使用的路径名。

2.3　网络故障排错

随着网络规模的扩大，网络故障时有发生。网络故障排错的思路为：首先，从最近一次操作定位问题所在；其次，检查这些操作与配置有无错误，同时获取与问题相关的信息（如硬件型号、软件版本、网络拓扑等）；然后，根据搜集的信息修复问题，修复可以是修改配置文件、替换相应的设备或进行版本升级等。

最常见的网络故障问题就是网络不通。

1. 使用 ping 命令

网络不通时，可以使用 ping 命令定位问题节点的位置，一般应当按照本地回环、本地 IP、网关 IP、外网 IP 的顺序依次使用 ping 命令，ping 的对象一般都会给予回应。如果没有回应，表示网络不通，据此判断网络断点的位置。

```
[root@studylinux Desktop]# ping 127.0.0.1
#ping 本地回环，测试本地网络协议是否正常
[root@studylinux Desktop]# ping 192.168.10.10
#ping 本地 IP，测试本地网络接口是否正常
[root@studylinux Desktop]# ping 192.168.10.2
#ping 网关，测试网关是否工作正常
[root@studylinux Desktop]# ping 202.106.0.20
#ping 外部网络，测试服务商网络是否工作正常
```

2. 使用 traceroute 命令

一个数据包从本地发出后，一般会经过多个路由转发数据，如果有一个数据包进入互联网后因为中间的某个路由转发有问题，而导致最终的数据发送失败。这种情况下，用户并不知道问题路由的位置及 IP 信息，利用 traceroute 命令可以解决该问题。它可以追踪数据包的路由过程，以此判断问题所在。Linux 下的 traceroute 默认使用 UDP 封装跟踪包，如果希望使用 ICMP 封装，可以使用 –I 选项。

```
[root@studylinux Desktop]# traceroute -I www.google.com
traceroute to www.google.com(74.125.128.147),30 hops max,60 byte packets
1 172.16.0.1 (172.16.0.1) 0.528ms 0.713ms 4.457ms
2 228.212.20.41(228.212.20.41) 4.524ms 19.531ms 21.742ms
3 10.1.82.2 (10.1.82.2) 24.947ms 25.421ms 27.621ms
(……部分输出省略……)
```

单 元 实 训

【实训目的】

> 掌握 Linux 操作系统下网络的管理方法；
> 掌握 Linux 操作系统下常用的网络命令。

【实训内容】

某公司新购一台服务器，服务器上已安装 Linux 操作系统，并且服务器上配置两块网卡，现对两块网卡进行网络配置，配置内容见表 2-10。

表 2-10 网卡配置内容

网卡	IP 地址	子网掩码	网关
第一块网卡	192.168.100.20	255.255.255.0	192.168.100.1
第二块网卡	192.168.200.20	255.255.255.0	192.168.200.1

网卡配置完成后，使用 systemctl restart network 命令重启 Linux 操作系统的网络服务，并利用 ifconfig 命令查看网卡的 IP 地址是否为更改的 IP 地址。

单 元 习 题

一、选择题

1. 在 Linux 操作系统中，主机名保存在（　　）配置文件中。
   A. /etc/hosts   B. /etc/modules.conf
   C. /etc/sysconfig/network   D. /etc/work

2. 在 Linux 操作系统中，用于设置 DNS 客户端的配置文件是（　　）。
   A. /etc/hosts   B. /etc/modules.conf
   C. /etc/resolv.conf   D. /etc/dns.conf

3. 在 RHEL 7 操作系统中，一般用（　　）命令查看网络接口的状态。
   A. ping   B. ipconfig
   C. winipcfg   D. ifconfig

4. 在 Linux 操作系统中，(　　)配置文件用于存放本机主机名及经常访问 IP 地址的主机名。在对 IP 地址进行域名解析时，可以设定为先访问该文件，再访问 DNS，最后访问 NIS。
   A. /etc/hosts   B. /etc/resolv.conf
   C. /etc/inted.conf   D. /etc/host.conf

5. 若要暂时禁用 eno16777736，以下命令中，可以实现的是（　　）。
   A. ifconfig eno16777736   B. ifconfig eno16777736 cancel
   C. ifconfig eno16777736 up   D. ifconfig eno16777736 down

6. 以下命令中，（　　）可以实现路由追踪。
   A. ping   B. ifconfig
   C. tracerouter   D. netstat

7. 以下对网卡配置的说法中，正确的是（　　）。

   A. 可以利用 netconfig 命令设置或修改网卡的 IP 地址等信息，该方法所设置的 IP 地址等信息会立即生效

   B. 可以利用 Vi 编辑器直接修改网卡对应的配置文件，从而设置或修改网卡的名称、IP 地址等内容

C. 利用 Vi 编辑器修改网卡配置文件后，必须重新启动 Linux 系统，新的设置才会生效

D. 在 Linux 系统中，多块网卡可共用同一个配置文件

8. 配置网卡参数时，下面（　　）一般不需要配置。

  A. IP 地址   B. 子网掩码

  C. 默认网关地址   D. MAC 地址

9. 错误使用 vi /etc/inittab 命令查看文件内容时，不小心改动了一些内容，为了防止系统错误，你不想保存所修改的内容，应该进行的操作是（　　）。(1+X)

  A. 在末行模式下，输入：wq   B. 在末行模式下，输入：q!

  C. 在末行模式下，输入：x!   D. 在编辑模式下，按【Esc】键直接退出 Vi

10. 在 RHEL 7 系统 Vi 编辑器的末行模式中，若需要将文件中每一行的第一个"Linux"替换为"RHEL 7"，可以使用（　　）。(1+X)

  A. :s/Linux/RHEL 7   B. :s/Linux/RHEL 7/g

  C. :%s/Linux/RHEL 7   D. :%s/Linux/RHEL 7/g

二、简答题

1. Linux 中与网络配置有关的文件有哪些？

2. 如何利用 ifconfig 命令禁用和重启网络接口？

单元 3　用户和组

单元导读

Linux 是一个多用户、多任务的操作系统，作为网络管理员，掌握用户和组的创建与管理至关重要。本单元将介绍利用命令和图形工具创建、管理用户和组等内容。

学习目标

➢ 了解用户和组账号类型及相关文件；
➢ 熟练运用命令管理用户和组；
➢ 熟练运用图形工具管理用户和组。

3.1　用户和组

Linux 是一个多用户多任务操作系统，它允许多个用户从本地或远程登录到系统中，访问系统资源。用户登录时，系统将检验用户输入的用户账号和口令。只有当该用户账号已存在，并且口令与用户名相匹配时，用户才能进入 Linux 操作系统。系统还会根据用户的默认配置建立用户的工作环境。

3.1.1　用户类型

在 Linux 操作系统中，不同类型的用户所具有的权限和所完成的任务也不同。用户的类型通过用户标识符 UID（User IDentification）来区分，在 Linux 系统中，UID 相当于现实生活中人们的身份证号码，具有唯一性。Linux 系统中的用户包括 3 种类型：系统管理员、系统用户和普通用户。

（1）系统管理员：UID 为 0，root 用户，拥有对系统的最高访问权限。

（2）系统用户：UID 为 1~999，为满足 Linux 系统管理所内建的账号，通常在安装过程中自动创建，不能用于登录操作系统，如 bin、halt 账号等，一般不需要修改该类用户的默认设置。

（3）普通用户：UID 从 1 000 开始，是由管理员创建的，供用户登录操作系统进行日常工作的账号。

3.1.2　用户账号文件

在 Linux 操作系统中，所有用户的账号信息通过配置文件/etc/passwd 和/etc/shadow 来保存。

1. 用户配置文件/etc/passwd

在/etc/passwd 文件中，保存着用户名、UID、GID、用户说明、家目录、登录 Shell 等信息。所有用户都可以查看该文件的内容。/etc/passwd 文件的内容如下：

```
root:x:0:0:root:/root:/bin/bash
bin:x:1:1:bin:/bin:/sbin/nologin
daemon:x:2:2:daemon:/sbin:/sbin/nologin
……
student:x:1000:1000:student:/home/student:/bin/bash
```

文件中每一行描述一个用户的信息，通过":"将用户的各个属性信息分隔为七部分，各部分的含义见表 3-1。

表 3-1 /etc/passwd 文件各字段说明

字 段 号	说　　明
1	用户名：用户登录时使用的名称，通常由字母、数字和符号组成，用户名必须是唯一的
2	密码：Linux 操作系统中的用户密码，经过加密后保存在/etc/shadow 文件中，在/etc/passwd 文件中以"x"表示该字段的内容
3	UID：用户标识符（User IDentification），每个用户都拥有唯一的 UID。该值的范围是 0~65 535。超级用户的 UID 为 0，系统用户的 UID 为 1~999，普通用户的 UID 从 1 000 开始，在创建用户时可以指定 UID 的值
4	GID：用户组标识符（Grouper IDentification）。Linux 操作系统中创建用户时，默认情况下会同时建立一个与用户同名且 UID 和 GID 相同的组
5	用户说明：对用户账号的说明，通常包括用户全名、电话号码和电子邮件地址等信息
6	家目录：用户登录系统后首先进入的目录。在创建用户时，除非特别指定，系统将在/home 目录下创建与用户同名的目录作为用户的家目录
7	登录 Shell：用户登录后所使用的 Shell 环境。对于普通用户而言，默认使用 bash Shell 环境

2. 用户影子文件/etc/shadow

Linux 操作系统中，用户密码经过 MD5 加密后存放在/etc/shadow 中。此文件仅允许 root 用户查看内容，root 用户可以使用命令更改用户密码或停用某个账户，但不能查看用户的真实密码。/etc/shadow 文件的内容如下：

```
root:$6$7vqLoiZGtvLj75yW$CjCO5R63dzJNlHH/u9MGXvXj2KrsIbAzWIvUqCLNiUpjF.Msp
XjrVo0M8ciRRlxxpqiVfCbPdrtdav50i7E9G/:18729:0:99999:7:::
bin:*:16141:0:99999:7:::
……
tcpdump:!!:18729:::::: 
student:$6$ItjP7S7LtEEOG.FC$T5eo/NrJhvLuzcTnCgyKRHWJLtGY30O5R2BPqUrqjkh0TO
mMSvm7BiygRABFnApipb2eqfz0fKjFJD29cEfys1:18729:0:99999:7:::
```

文件中每一行描述一个用户配置信息，通过":"将用户的各个属性信息分隔为九部分，各部分的含义见表 3-2。

表 3-2 /etc/shadow 文件各字段说明

字 段 号	说　　明
1	用户名
2	加密后的密码。如"!!"，表示该用户没有设置密码，不能登录 Linux 系统

续表

字 段 号	说　　　明
3	自 1970 年 1 月 1 日起到上次修改密码的间隔天数
4	密码自上次修改后，要间隔多少天才能再次修改。若为 0，表明没有时间限制
5	密码自上次修改后，要间隔多少天才能再次修改。若为 99999，表明未设置密码必须修改
6	提前多少天警告用户口令将过期，默认值为 7 天
7	在密码过期之后多少天禁用该账户
8	从 1970 年 1 月 1 日起到用户账号过期的间隔天数
9	保留字段，尚未使用

3.1.3 用户组

在 Linux 操作系统中，为了便于用户使用系统，将具有相同特征的用户划分为一个用户组。Linux 中每个用户都至少属于一个组，即一个用户可以属于多个组。通过使用 GID（Group IDentification），将多个用户划入同一个组中，方便为组中的用户规划权限或指定任务。

在 Linux 系统中创建用户时，将自动创建一个与其同名的基本用户组，称为该用户的主组。这个用户加入的其他组，称为扩展组或者附加组。一个用户只能有一个主组，但可以有多个附加组，从而满足日常工作的需要。用户和组群的基本概念见表 3-3。

表 3-3　用户和组群的基本概念

内　　容	概　　念
用户名	用来标识用户的名称，可以是字母、数字组成的字符串，区分大小写
密码	用于验证用户身份的特殊验证码
用户标识（UID）	用来表示用户的数字标识符
家目录	用户的私人目录，用户登录系统后默认所在的目录
登录 Shell	用户登录后默认使用的 Shell 程序，默认为/bin/shell
组群	一组具有相同属性的用户
组群标识（GID）	表示组群的数字标识符

3.1.4 组文件

所有用户组的账号信息通过配置文件/etc/group 和/etc/gshadow 保存。

1. 用户组配置文件/etc/group

用户组账号的信息保存在/etc/group 文件中，所有用户都可以查看其中的内容。/etc/group 文件内容如下：

```
root:x:0:
bin:x:1:
daemon:x:2:
……
student:x:1000:student
```

/etc/group 文件的每一行内容描述了一个用户组的信息，用 ":" 分隔 4 个字段。从左至右依次为：用户组名、组密码、组 ID 和组成员列表。其中密码字段的内容用 "x" 代替。

2. 用户组密码文件/etc/gshadow

/etc/gshadow 文件根据/etc/group 文件而产生，主要用于保存加密的用户组密码。只有系统管理员才能查看该文件的内容，其内容如下：

```
Root:::
bin:::
……
tcpdump:!::
student:!!::student
```

该文件的每一行描述一个用户组的信息，各字段的含义为：

用户组名: 用户组密码: 用户组的管理者: 组成员列表

3.2 使用命令管理用户和组

3.2.1 用户账号管理

1. 创建新用户 useradd

在 Linux 操作系统中，创建或添加新用户使用 useradd 命令实现，使用该命令创建新的用户账户时，默认的用户家目录会被创建在/home 目录中，默认的 Shell 解释器为/bin/bash，并且同时默认会创建一个与该用户同名的基本用户组。命令格式为：

useradd [选项] 用户名

useradd 命令中的"选项"用于设置用户账号参数，主要参数及作用见表 3-4。

表 3-4 useradd 命令中的参数及作用

参数	作用
-d	指定用户的家目录（默认为/home/username）
-e	账户的到期时间，格式为 YYYY-MM-DD
-u	指定该用户的默认 UID
-g	指定一个初始的用户基本组（必须已存在）
-G	指定一个或多个扩展用户组
-N	不创建与用户同名的基本用户组
-s	指定该用户的默认 Shell 解释器

【例 3-1】创建一个名为 student 的普通用户，指定家目录的路径为/tmp/student，用户的 UID 为 6000，指定登录 Shell 为/sbin/nologin。

解析：指定用户登录 Shell 为/sbin/nologin，代表该用户不能登录到系统中：

```
[root@studylinux ~]# useradd -d /tmp/student -u 6000 -s /sbin/nologin student
[root@studylinux ~]# id student
uid=6000(student) gid=6000(student) groups=6000(student)
```

2. 设置或修改用户密码 passwd

在 Linux 操作系统中，新创建的用户，在没有设置密码时，账户为锁定状态，用户无法登录系统，此时可以使用 passwd 命令管理用户密码。命令格式为：

passwd [选项] [用户名]

passwd 命令中的参数及作用见表 3-5。

普通用户只能使用 passwd 命令修改自身的系统密码。root 管理员在 Linux 系统中有权限修改所有用户的密码，并且 root 用户修改自己或他人的密码时不需要验证旧密码。

表 3-5　passwd 命令中的参数及作用

参　　数	作　　用
-l	锁定用户，禁止其登录
-u	解除锁定，允许用户登录
--stdin	允许通过标准输入修改用户密码，如 echo "NewPassWord" | passwd --stdin Username
-d	使该用户可用空密码登录系统
-e	强制用户在下次登录时修改密码
-S	显示用户的密码是否被锁定，以及密码所采用的加密算法名称

【例 3-2】为 student 用户设置初始密码。

```
[root@studylinux ~]# passwd student
Changing password for user root.
New password:              //此处输入密码值
Retype new password:       //再次输入进行确认
passwd: all authentication tokens updated successfully.
```

【例 3-3】锁定 student 用户。

```
[root@studylinux ~]# passwd -l student
Locking password for user student.
passwd: Success
[root@studylinux ~]# passwd -S student
student LK 2021-04-21 0 99999 7 -1 (Password locked.)
[root@studylinux ~]# passwd -u student
Unlocking password for user student.
passwd: Success
[root@studylinux ~]# passwd -S student
student PS 2021-04-21 0 99999 7 -1 (Password set, SHA512 crypt.)
```

3. 设置用户账号属性 usermod

对于在 Linux 操作系统中已创建的用户，可使用 usermod 命令修改用户的属性信息，如用户的 UID、基本/扩展用户组、默认终端等。命令格式为：

usermod [选项] 用户名

usermod 命令的参数及作用见表 3-6。

表 3-6　usermod 命令的参数及作用

参　　数	作　　用
-c	填写用户账户的备注信息
-d -m	参数 -m 与参数 -d 连用，可重新指定用户的家目录并自动把旧的数据转移过去
-e	账户的到期时间，格式为 YYYY-MM-DD
-g	变更所属用户组
-G	变更扩展用户组

续表

参　数	作　用
-L	锁定用户禁止其登录系统
-U	解锁用户，允许其登录系统
-s	变更默认终端
-u	修改用户的 UID

【例 3-4】 修改 student 用户的 UID 号码值。

```
[root@studylinux ~]# usermod -u 8888 student
[root@studylinux ~]# id student
uid=8888(student) gid=6000(student) groups=6000(student),0(root)
```

4．删除用户账号 userdel

userdel 命令用于删除用户，其格式为：

userdel ［选项］ 用户名

userdel 命令的参数及作用见表 3-7。

表 3-7　userdel 命令的参数及作用

参　数	作　用
-f	强制删除用户
-r	同时删除用户及用户家目录

【例 3-5】 删除用户 student。

```
[root@studylinux ~]# id student
uid=8888(student) gid=6000(student) groups=6000(student),0(root)
[root@studylinux ~]# userdel -r student
[root@studylinux ~]# id student
id: student: no such user
```

5．切换用户身份 su

su 命令用于切换用户身份，该命令可使当前用户在不退出登录的情况下，便利地切换到其他用户。从 root 管理员切换到普通用户时不需要密码验证，而从普通用户切换到 root 管理员需要进行密码验证。

【例 3-6】 root 管理员切换至普通用户 student。

```
[root@studylinux ~]# id
uid=0(root) gid=0(root) groups=0(root)
[root@studylinux ~]# su - student
Last login: Wed Jan 4 01:17:25 EST 2021 on pts/0
[student@studylinux ~]$ id
uid=8888(student) gid=8888(student) groups=8888(student) context=unconfined_
u:unconfined_r:unconfined_t:s0-s0:c0.c1023
```

在例 3-6 中，su 命令与用户名之间有一个减号（-），表示完全切换到新用户，即把环境变量信息也变更为新用户的相应信息，不保留原始信息。执行 exit 命令可以返回到原来的用户身份。

3.2.2 组账号管理

1．创建用户组

groupadd 命令用于创建用户组，命令格式为：

groupadd [选项] 群组名

groupadd 命令只能由 root 用户使用。常用选项有：

-g 组 ID   用指定的 GID 号创建用户组

【例 3-7】创建一个名为 studentgroup 的用户组，GID 为 1086。

[root@studylinux ~]# groupadd -g 1086 studentgroup

2．修改用户组属性

创建用户之后，可以根据需求使用 groupmod 命令修改群组识别码或名称等组的相关属性。命令格式为：

groupmod [-g <群组识别码> <-o>][-n <新群组名称>][群组名称]

groupmod 命令的参数及含义见表 3-8。

表 3-8 groupmod 的参数及含义

参　　数	含　　义
-g <群组识别码>	设置欲使用的群组识别码
-o	重复使用群组识别码
-n <新群组名称>	设置欲使用的群组名称

【例 3-8】将 study 用户组修改组名为 teacher。

```
[root@studylinux ~]# groupadd study
[root@studylinux ~]# tail -1 /etc/group
study:x:1001:
[root@studylinux ~]# groupmod -n teacher study
[root@studylinux ~]# tail -1 /etc/group
teacher:x:1001:
```

3．删除用户组

groupdel 命令用于删除群组命令格式为：

groupdel 用户组

groupdel 命令只能由 root 用户使用。在删除指定用户组之前，必须确保该用户组不是任何用户的主组，必须删除引用该主组的账号，再删除用户组。

【例 3-9】删除 networks 用户组。

[root@studylinux ~]# groupdel networks

3.3 使用图形界面管理用户和组

在 Linux 操作系统默认图形界面中，并没有安装用户管理器，需要安装 system-config-users 工具。

3.3.1 安装 system-config-users 工具

1. 配置 yum 源仓库

执行下列命令:

```
[root@studylinux ~]# vim /etc/yum.repos.d/dvd.repo
```

按【i】键,进入编辑模式,在新创建的文件中输入以下内容:

```
[dvd]
name=dvd
baseurl=file:///mnt/cdrom
enabled=1
gpgcheck=0
```

按【Esc】键,在命令行模式下,输入":wq"保存文件。

2. 挂载光驱镜像

执行下列命令:

```
[root@studylinux ~]# mkdir -p /mnt/cdrom
[root@studylinux ~]#mount /dev/cdrom /mnt/cdrom
mount: /dev/sr0 is write-protected, mounting read-only
[root@studylinux ~]#df -h         //查看光驱是否已经挂载
Filesystem                      Size    Used    Avail   Use%    Mounted on
/dev/mapper/rhel_studylinux-root 18 G    2.9 G   15 G    17%     /
Devtmpfs                        985 M   0       985 M   0%      /dev
Tmpfs                           994 M   140 K   994 M   1%      /dev/shm
Tmpfs                           994 M   8.8 M   986 M   1%      /run
Tmpfs                           994 M   0       994 M   0%      /sys/fs/cgroup
/dev/sda1                       497 M   119 M   379 M   24%     /boot
/dev/sr0                        4.0 G   4.0 G   0       100%    /mnt/cdrom
```

3. 安装软件

```
[root@studylinux ~]# yum install -y system-config-users
Loaded plugins: langpacks, product-id, subscription-manager
This system is not registered to Red Hat Subscription Management. You can use subscription-manager to register.
Dvd                                                      | 4.1 kB   00:00
(1/2): dvd/group_gz                                      | 134 kB   00:00
(2/2): dvd/primary_db                                    | 3.4 MB   00:00
Resolving Dependencies
--> Running transaction check
---> Package system-config-users.noarch 0:1.3.5-2.el7 will be installed
--> Processing Dependency: system-config-users-docs for package: system-config-users-1.3.5-2.el7.noarch
--> Running transaction check
---> Package system-config-users-docs.noarch 0:1.0.9-6.el7 will be installed
--> Finished Dependency Resolution
Dependencies Resolved

================================================================================
Package                 Arch        Version         Repository      Size
================================================================================
```

```
Installin
  system-config-users            noarch       1.3.5-2.el7       dvd        339 k
Installing for dependencies:
  system-config-users-docs       noarch       1.0.9-6.el7       dvd        308 k
Transaction Summary
=========================================================================
Install  1 Package (+1 Dependent package)
Total download size: 647 k
Installed size: 3.3 M
Downloading packages:
-------------------------------------------------------------------------
Total                                            2.8 MB/s | 647 kB  00:00
Running transaction check
Running transaction test
Transaction test succeeded
Running transaction
  Installing : system-config-users-docs-1.0.9-6.el7.noarch              1/2
  Installing : system-config-users-1.3.5-2.el7.noarch                   2/2
dvd/productid                                    | 1.6 kB     00:00
  Verifying  : system-config-users-1.3.5-2.el7.noarch                   1/2
  Verifying  : system-config-users-docs-1.0.9-6.el7.noarch              2/2
Installed:
  system-config-users.noarch 0:1.3.5-2.el7
Dependency Installed:
  system-config-users-docs.noarch 0:1.0.9-6.el7
Complete!
```
软件安装完毕。

3.3.2 用户管理器

执行 system-config-users 命令，打开图 3-1 所示的用户管理器。

或者，在 Linux 操作系统图形界面下，执行 application→sundry→users and groups 命令也可打开用户管理器。

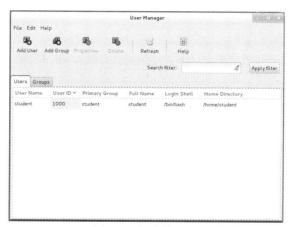

图 3-1 用户管理器

使用用户管理器可以方便地新建用户或组群、修改用户或组群的属性、删除用户或组群等操作。

3.4 命令使用技巧

1. 使用【Tab】键

在 Linux 中，利用【Tab】键可以自动补齐命令或者路径，从而提高工作效率。输入 mou 后按【Tab】键，即可补齐以 mou 开头的命令。当命令不唯一时，如输入 c 后按【Tab】键，则系统不会进行命令补齐，因为以 c 开头的命令不止一个，此时连续按两次【Tab】键，即可显示所有以 c 开头的命令。

2. 使用命令历史

在 Linux 中输入的命令会被记录，对于已经输入过的命令，没有必要重复输入，可以使用调用命令历史记录。使用命令历史最简单的方法是使用上、下方向键翻阅历史命令。Linux 默认会记录 1 000 条命令历史。

输入 history 命令可以显示所有命令记录，每条记录都有相应的编号，如图 3-2 所示。

如果想要执行编号为 5 的命令历史，可以使用!5 调用该命令。

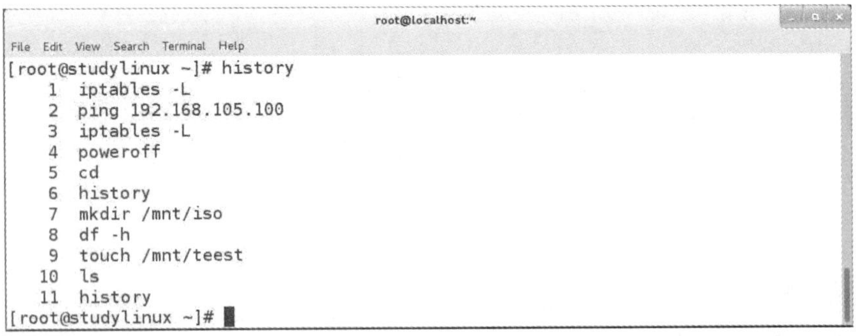

图 3-2 使用 history 命令显示所有命令记录

3. 使用清屏

当命令输入过多或者屏幕显示内容过多时，可以按【Ctrl+L】组合键或者使用 clear 命令清屏。

4. 查找常用命令的存储位置

通过 which 命令可以查找到常用命令的存储位置，如输入 which find，系统将返回 find 命令的实际存储位置/bin/find。

5. 使用 man 手册

通过 man 手册可以获取命令的更多用法，man 手册一般保存在/usr/share/man 目录下，查看手册文档可以直接使用 man 命令读取。

例如，需要获取 ls 命令的 man 手册，输入 man ls 即可，显示结果如图 3-3 所示。

其中，NAME 为命令的名称与简单描述；SYNOPSIS 为命令的语法格式；DESCRIPTION 为命令的详细描述，后面一般为命令的具体选项以及功能描述。

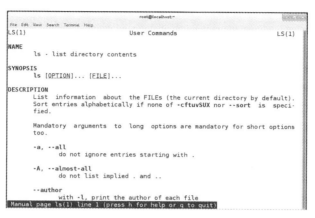

图 3-3　获取 is 命令的 man 手册

通过"man 命令名"方法可以找到绝大多数命令的用法与描述,按空格键表示向下翻页,按【q】键表示退出 man 手册。

另外,在查看命令手册的过程中,随时可以通过"/关键词"方法搜索需要的内容。例如,/file 搜索包含 file 的行,按【n】键查看下一行匹配的行。

如果显示 Pattern not found(press RETURN),表示未找到匹配的行。

6. info

info 信息与 man 手册的内容类似,但是 info 信息是模块化的,通过链接显示不同的信息块,查看起来有点儿类似于网页。

info ls 查看 is 命令的 info 信息,如图 3-4 所示。

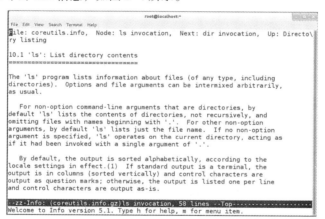

图 3-4　查看 is 命令的 info 信息

其中,File 说明当前的 info 文件名称为 coreutils.info,当前查看的信息块为 is invocation。按【N】键进入下一信息块(dir invocation);按【P】键进入上一信息块;按【U】键返回上一层(一般用来查看 info 信息块目录);按空格键翻页;按【q】键退出。

7. help

man 手册与 info 信息的内容往往比较多,如果仅需要简短的帮助信息,可以通过--help 获得简要信息。

例如，ls --help 显示信息如图 3-5 所示。

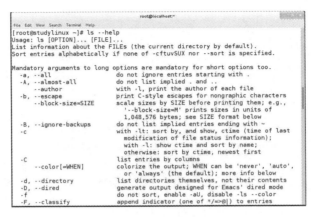

图 3-5　help 命令的使用

其中，Usage 为命令的语法格式，紧接着是命令功能的说明，最后是对每个命令选项的简短说明。

单 元 实 训

【实训目的】

- ➢ 掌握在 Linux 操作系统下利用命令实现用户管理；
- ➢ 掌握在 Linux 操作系统下利用命令实现组群管理；
- ➢ 掌握在 Linux 操作系统下安装用户管理器。

【实训内容】

（1）使用命令完成以下题目：

① 用 root 用户登录系统，查看用户账号文件/etc/passwd 和密码文件/etc/shadow 内容的后 5 行。理解各参数的含义。

② 新建用户 study01，设置 UID 为 6666、家目录为/home/6666、不能登录 shell。

③ 为用户 study01，设置密码"study01"。

④ 查看/etc/passwd 和/etc/shadow 文件中 study01 用户的信息。

⑤ 修改用户 study01 的家目录为/home/study。

⑥ 新建组群 study，将用户 study01 添加到该组中。

⑦ 删除在本次实验中创建的用户和组群。

（2）安装用户管理器，在管理器中完成上述操作。

单 元 习 题

一、选择题

1.（　　）用户为 Linux 操作系统的管理员。

　　A．root　　　　　　　B．admin　　　　　　C．Superman　　　　　D．guest

2. （　　）文件保存用户账号的信息。
   A. etc/shadow　　　B. /etc/hosts　　　C. /etc/passwd　　　D. /etc/users
3. Linux 操作系统中，使用（　　）命令修改用户属性。
   A. change　　　B. chmod　　　C. chown　　　D. chgrp
4. 下列操作 usermod 命令无法执行的是（　　）。
   A. 用户重命名　　　　　　　　　　　B. 删除指定的用户和对应的家目录
   C. 对用户账号加锁与解锁　　　　　　D. 对用户密码加锁或解锁
5. 默认情况下，创建用户的同时在（　　）目录下为用户创建一个同名的家目录。
   A. /etc　　　B. /var　　　C. /home　　　D. /usr
6. 下列说法中，对 Linux 操作系统的用户描述正确的是（　　）。
   A. Linux 文件只有系统管理员才有权存取
   B. Linux 的用户和对应的密码存放在/etc/passwd 文件中
   C. Linux 的用户必须设置了密码才能登录系统
   D. Linux 的用户密码存放在/etc/shadow 文件中，所有用户都可以查看
7. Linux 系统中，与用户管理相关的配置文件是（　　）。（1+X）
   A. /etc/passwd　　　B. /etc/shadow　　　C. /etc/group　　　D. /etc/password

二、简答题

1. Linux 操作系统中的用户可以分为哪几种类型？
2. Linux 操作系统中用户信息由哪些属性组成？

单元 4　文件与文件系统

单元导读

Linux 中 "一切皆是文件"。不仅普通的文件、目录、各类硬件设备等在 UNIX/Linux 中都是以文件被对待。本单元介绍 Linux 的文件系统类型、文件的各类权限及设置、修改文件权限的命令。

学习目标

➢ 了解 Linux 的文件系统类型；
➢ 理解文件的各类权限；
➢ 掌握设置或修改文件的权限。

4.1　文 件 系 统

文件系统（File System）是磁盘上的一片特定区域，操作系统利用文件系统保存和管理文件。

4.1.1　文件系统概述

用户在硬件存储设备中执行的文件建立、写入、读取、修改、转存与控制等操作都是依靠文件系统完成的。文件系统的作用是合理规划硬盘，以保证用户正常使用需求。Linux系统支持数十种文件系统，最常见的文件系统如下所示：

（1）Ext3：是一款日志文件系统，能够在系统异常时避免文件系统资料丢失，并能自动修复数据的不一致与错误。然而，当硬盘容量较大时，所需的修复时间也会很长，而且也不能百分之百地保证资料不会丢失。它会把整个磁盘的每个写入动作的细节都预先记录下来，以便在发生异常后能回溯追踪到被中断的部分，然后尝试进行修复。

（2）Ext4：Ext3 的改进版本，作为 RHEL 6 系统中的默认文件管理系统，它支持的存储容量高达 1 EB（1EB=1 073 741 824 GB），且能够有无限多个子目录。另外，Ext4 文件系统能够批量分配 block 块，从而极大地提高了读写效率。

（3）XFS：是一种高性能的日志文件系统，而且是 RHEL 7 中默认的文件管理系统，它的优势在发生异常后尤其明显，即可以快速恢复可能被破坏的文件，而且强大的日志功能只需花费极低的计算和存储性能。

（4）swap：是 Linux 操作系统下用于磁盘交换分区的特殊文件系统。在 Linux 操作系统中，使用交换分区提供虚拟内存，该分区的大小一般是系统物理内存的 1.5~2 倍。在安装系统时，就应当创建交换分区，交换分区由操作系统自行管理。

（5）NFS：是网络文件系统，用户在 UNIX 系统间通过网络进行文件共享，用户可将网络中 NFS 服务器提供的共享目录挂载到本地文件目录中，从而实现操作和访问 NFS 文件系统中的内容。

（6）ISO9660：是 CD-ROM 的标准文件系统，Linux 对该文件系统也有很好的支持作用，不仅能读取光盘和光盘 ISO 映像文件，而且还支持在 Linux 环境中刻录光盘。

RHEL 7 系统中一个比较大的变化是使用了 XFS 作为文件系统，可支持高达 18 EB 的存储容量。Linux 系统中有一个名为 super block 的"硬盘地图"，里面记录着整个文件系统的信息。Linux 把每个文件的权限与属性记录在 inode 中，每个文件占用一个独立的 inode 表格，该表格的大小默认为 128 B，里面记录着如下信息：

（1）该文件的访问权限（read、write、execute）；
（2）该文件的所有者与所属组（owner、group）；
（3）该文件的大小（size）；
（4）该文件的创建或内容修改时间（ctime）；
（5）该文件的最后一次访问时间（atime）；
（6）该文件的修改时间（mtime）；
（7）文件的特殊权限（SUID、SGID、SBIT）；
（8）该文件的真实数据地址（point）。

文件的实际内容则保存在 block 块中（大小可以是 1 KB、2 KB 或 4 KB），一个 inode 的默认大小仅为 128 B（Ext3），记录一个 block 则消耗 4 B。当文件的 inode 被写满后，Linux 系统会自动分配出一个 block 块，专门用于像 inode 那样记录其他 block 块的信息，把各个 block 块的内容串到一起，就能够让用户读到完整的文件内容。对于存储文件内容的 block 块，有下面两种常见情况（以 4KB 的 block 大小为例进行说明）。

（1）情况 1：文件很小（1 KB），但依然会占用一个 block，因此会潜在地浪费 3 KB。
（2）情况 2：文件很大（5 KB），会占用两个 block，用掉 4 KB 后剩下的 1 KB 也要占用一个 block。

计算机系统在发展过程中产生了众多的文件系统，为了使用户在读取或写入文件时忽略底层的硬盘结构，Linux 内核中的软件层为用户程序提供了一个 VFS（Virtual File System，虚拟文件系统）接口，这样用户在操作文件时实际上是统一对该虚拟文件系统进行操作。图 4-1 所示为 VFS 的架构示意图。从中可见，实际文件系统在 VFS 下隐藏了自己的特性和细节，这样用户在日常使用时会觉得"文件系统都是一样的"，也就可以随意使用各种命令在任何文件系统中进行各种操作。

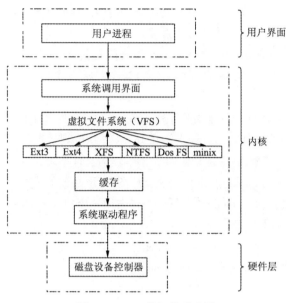

图 4-1 VFS 的架构示意图

4.1.2 理解 Linux 文件系统目录结构

在 Linux 系统中，目录、字符设备、块设备、套接字、打印机等都被抽象成了文件，即 "Linux 系统中一切都是文件"。在 Linux 系统中的一切文件都是从 "根（/）"目录开始的，并按照文件系统层次化标准（FHS）采用树形结构存放文件，以及定义了常见目录的用途。Linux 系统中的文件和目录名称是严格区分大小写的。例如，root、rOOt、Root、rooT 均代表不同的目录，并且文件名称中不得包含斜杠（/）。Linux 系统中的文件存储结构如图 4-2 所示。

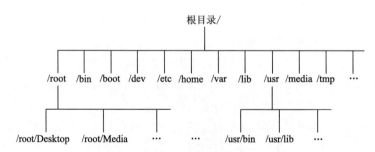

图 4-2 Linux 系统中的文件存储结构

在 Linux 系统中，最常见的目录以及所对应的存放内容见表 4-1。

表 4-1 Linux 系统中常见的目录名称以及相应内容

目录名称	文件内容
/	Linux 文件的最上层根目录
/boot	开机所需文件——内核、开机菜单以及所需配置文件等
/dev	以文件形式存放任何设备与接口
/etc	配置文件
/home	用户家目录
/bin	存放单用户模式下可以操作的命令，如 ls、cp 等

续表

目录名称	文件内容
/lib	开机时用到的函数库,以及/bin 与/sbin 下面的命令要调用的函数
/sbin	开机过程中需要的命令
/media	用于挂载设备文件的目录
/opt	放置第三方的软件
/root	系统管理员的家目录
/srv	一些网络服务的数据文件目录
/tmp	任何人均可使用的"共享"临时目录
/proc	虚拟文件系统,例如系统内核、进程、外围设备及网络状态等
/usr/local	用户自行安装的软件
/usr/sbin	Linux 系统开机时不会使用到的软件/命令/脚本
/usr/share	帮助与说明文件,也可放置共享文件
/var	主要存放经常变化的文件,如日志
/lost+found	当文件系统发生错误时,用于存放一些丢失的文件片段

4.1.3 绝对路径和相对路径

在 Linux 系统中有一个重要的概念——路径。路径指的是如何定位到某个文件,分为绝对路径与相对路径。

(1)绝对路径(absolute path):从根目录(/)开始写起的文件或目录名称,如/home/study。

(2)相对路径(relative path):相对于当前路径的写法,如./home/study 或者../../home/study。

两个特殊目录.和..:

(1).:代表当前目录,也可以用./表示。

(2)..:代表当前目录的上一级目录,也可以用../表示。

4.2 文 件 命 令

4.2.1 文件及命名规则

文件是操作系统用来存储信息的基本结构,是一组信息的集合。文件通过文件名唯一标识。Linux 中文件名的规则:

(1)文件名最长可允许 255 个字符,可用 A~Z、0~9、.、_、-等符号表示。

(2)文件名区分大小写。

(3)没有扩展名的概念,文件名称与文件种类没有直接关系。如 text.txt 可能是可执行文件,run.exe 也可能是文本文档。

(4)文件名以"."开始,表示该文件为隐藏文件,需要使用"ls -a"命令才能显示。

4.2.2 文件相关命令

1. touch 命令

touch 命令用于创建空白文件或设置文件的时间,命令格式为:

touch [选项] [文件]

touch 命令用于创建空白文本时，命令简洁。例如在当前目录下创建空白文本 text，使用命令"touch text"即可。

touch 命令可设置文件内容的修改时间（mtime）、文件权限或属性的更改时间（ctime）与文件的读取时间（atime）等。touch 命令的参数及其作用见表 4-2。

表 4-2 touch 命令的参数及其作用

参　　数	作　　用
-a	仅修改"读取时间"（atime）
-m	仅修改"修改时间"（mtime）
-d	同时修改 atime 与 mtime

【例 4-1】查看文件的修改时间，修改文件后，使用命令将修改时间改回至第一个时间。

```
[root@studylinux ~]# ls -l anaconda-ks.cfg
-rw-------. 1 root root 1213 May  4 15:44 anaconda-ks.cfg
[root@studylinux ~]# echo "I'm learning linux skills" >> anaconda-ks.cfg
[root@studylinux ~]# ls -l anaconda-ks.cfg
-rw-------. 1 root root 1260 Aug  2 01:26 anaconda-ks.cfg
[root@studylinux ~]# touch -d "2021-05-04 15:44" anaconda-ks.cfg
[root@studylinux ~]# ls -l anaconda-ks.cfg
-rw-------. 1 root root 1260 May  4 15:44 anaconda-ks.cfg
```

2．cp 命令

cp 命令用于复制文件或目录，命令格式为：

cp [选项] 源文件 目标文件

在 Linux 系统中，复制操作具体分为 3 种情况：

（1）如果目标文件是目录，则会把源文件复制到该目录中；

（2）如果目标文件也是普通文件，则会询问是否覆盖它；

（3）如果目标文件不存在，则执行正常的复制操作。

cp 命令的参数及其作用见表 4-3。

表 4-3 cp 命令的参数及其作用

参　　数	作　　用
-p	保留原始文件的属性
-d	若对象为"链接文件"，则保留该"链接文件"的属性
-r	递归持续复制（用于目录）
-i	若目标文件存在则询问是否覆盖
-a	相当于-pdr（p、d、r 为上述参数）

示例：

（1）源文件为普通文件，目标不存在，则新建目标文件，并将源内容填充至目标文件中。

```
[root@studylinux ~]# touch a.txt
[root@studylinux ~]#mkdir test
[root@studylinux ~]#cp a.txt  test/b.txt
[root@studylinux ~]# ls test/
```

b.txt

（2）目标是已存在的文件，会将源文件内容覆盖至目标文件中。

```
[root@studylinux ~]# cp  a.txt  b.txt
cp:是否覆盖"b.txt"?y
```

（3）源是目录，需要使用-r参数，表示递归。

```
[root@studylinux ~]# mkdir test
[root@studylinux ~]#ls
anaconda-ks.cfg  test
[root@studylinux ~]#cp -r test ./testbak
[root@studylinux ~]# ls
b.txt
```

接下来，使用touch创建一个名为install.log的普通空白文件，然后将其复制为一份名为x.log的备份文件，最后再使用ls命令查看目录中的文件：

```
[root@studylinux ~]# touch install.log
[root@studylinux ~]# cp install.log x.log
[root@studylinux ~]# ls
install.log x.log
```

3．mv命令

mv命令用于剪切文件或将文件重命名，命令格式为：

mv [选项] 源文件 [目标路径|目标文件名]

剪切操作不同于复制操作，因为它会默认把源文件删除掉，只保留剪切后的文件。如果在同一个目录中对一个文件进行剪切操作，其实也就是对其进行重命名：

```
[root@studylinux ~]# mv x.log linux.log
[root@studylinux ~]# ls
install.log linux.log
```

4．rm命令

rm命令用于删除文件或目录，命令格式为：

rm [选项] 文件

在Linux系统中删除文件时，系统会默认询问是否执行删除操作，可在rm命令后跟上-f参数强制删除。

想要删除一个目录，需要在rm命令后面跟上-r参数。

【例4-2】删除前面创建的install.log和linux.log文件。

```
[root@studylinux ~]# rm install.log
rm: remove regular empty file 'install.log'? y
[root@studylinux ~]# rm -f linux.log
[root@studylinux ~]# ls
[root@studylinux ~]#
```

5．cat命令

cat命令用于查看纯文本文件（内容较少的），命令格式为：

cat [选项] [文件]

cat命令后面追加一个-n参数，在查看文本内容时显示行号。

```
[root@studylinux ~]# cat -n initial-setup-ks.cfg
```

```
1    #version=RHEL7
2    # X Window System configuration information
3    xconfig --startxonboot
4
5    # License agreement
6    eula --agreed
7    # System authorization information
8    auth --enableshadow --passalgo=sha512
9    # Use CDROM installation media
10   cdrom
11   # Run the Setup Agent on first boot
12   firstboot --enable
13   # Keyboard layouts
14   keyboard --vckeymap=us --xlayouts='us'
15   # System language
16   lang en_US.UTF-8
………………省略部分输出信息…………………
```

6. tail 命令

tail 命令用于查看纯文本文档的后 *N* 行或持续刷新内容，命令格式为：

tail [选项] [文件]

tail 命令最强悍的功能是可以持续刷新一个文件的内容，实时查看最新日志文件的命令为"tail -f 文件名"：

```
[root@studylinux ~]# tail -f /var/log/messages
May  4 07:56:38 localhost gnome-session: Window manager warning: Log level 16: STACK_OP_ADD: window 0x1e00001 already in stack
May  4 07:56:38 localhost gnome-session: Window manager warning: Log level 16: STACK_OP_ADD: window 0x1e00001 already in stack
May  4 07:56:38 localhost vmusr[12982]: [ warning] [Gtk] gtk_disable_setlocale() must be called before gtk_init()
May  4 07:56:50 localhost systemd-logind: Removed session c1.
Aug  1 01:05:31 localhost systemd: Time has been changed
Aug  1 01:05:31 localhost systemd: Started LSB: Bring up/down networking.
Aug  1 01:08:56 localhost dbus-daemon: dbus[1124]: [system] Activating service name='com.redhat.SubscriptionManager' (using servicehelper)
Aug  1 01:08:56 localhost dbus[1124]: [system] Activating service name='com.redhat.SubscriptionManager' (using servicehelper)
Aug  1 01:08:57 localhost dbus-daemon: dbus[1124]: [system] Successfully activated service 'com.redhat.SubscriptionManager'
Aug  1 01:08:57 localhost dbus[1124]: [system] Successfully activated service 'com.redhat.SubscriptionManager'
```

4.2.3 目录相关命令

1. pwd 命令

pwd 命令用于显示用户当前所处的工作目录，命令格式为：

pwd [选项]

例如：

```
[root@studylinux etc]# pwd
/etc
```

2. cd 命令

cd 命令用于切换工作路径，命令格式为：

cd [目录名称]

这是最常用的一个 Linux 命令。可以通过 cd 命令迅速、灵活地切换到不同的工作目录。除了常见的切换目录方式，还可以使用"cd -"命令返回到上一次所处的目录，使用"cd.."命令进入上级目录，以及使用"cd ~"命令切换到当前用户的家目录，亦或使用"cd ~username"切换到其他用户的家目录。例如，可以使用"cd 路径"的方式切换进/etc 目录中：

[root@studylinux ~]# cd /etc

同样的道理，可使用下述命令切换到/bin 目录中：

[root@studylinux etc]# cd /bin

此时，要返回到上一次的目录（即/etc 目录），可执行如下命令：

[root@studylinux bin]# cd -
/etc
[root@studylinux etc]#

还可以通过下面的命令快速切换到用户的家目录：

[root@studylinux etc]# cd ~
[root@studylinux ~]#

3. ls 命令

ls 命令用于显示目录中的文件信息，命令格式为：

ls [选项] [文件]

所处的工作目录不同，当前工作目录下的文件肯定也不同。使用 ls 命令的"-a"参数可查看全部文件（包括隐藏文件），使用"-l"参数可查看文件的属性、大小等详细信息。将这两个参数整合之后，再执行 ls 命令即可查看当前目录中的所有文件并输出这些文件的属性信息：

```
[root@studylinux ~]# ls -al
total 60
dr-xr-x---.  14 root    root     4096  Nov  10  19:53  .
drwxr-xr-x.  17 root    root     4096  Nov  11  2021   ..
-rw-------.   1 root    root     1208  Oct   7  17:21  anaconda-ks.cfg
-rw-------.   1 root    root       54  Oct   7  09:59  .bash_history
-rw-r--r--.   1 root    root       18  Dec  29  2013   .bash_logout
-rw-r--r--.   1 root    root      176  Dec  29  2013   .bash_profile
-rw-r--r--.   1 root    root      176  Dec  29  2013   .bashrc
drwx------.   9 root    root     4096  Nov  10  19:57  .cache
drwx------.  15 root    root     4096  Oct   7  09:26  .config
-rw-r--r--.   1 root    root      100  Dec  29  2013   .cshrc
drwx------.   3 root    root       24  Oct   7  09:24  .dbus
drwxr-xr-x.   2 root    root        6  Oct   7  09:26  Desktop
drwxr-xr-x.   2 root    root        6  Oct   7  09:26  Documents
drwxr-xr-x.   2 root    root        6  Oct   7  09:26  Downloads
-rw-------.   1 root    root       16  Oct   7  09:26  .esd_auth
-rw-------.   1 root    root      620  Nov  10  19:53  .ICEauthority
-rw-r--r--.   1 root    root     1259  Oct   7  09:25  initial-setup-ks.cfg
drwxr-xr-x.   3 root    root       18  Oct   7  09:26  .local
drwxr-xr-x.   2 root    root        6  Oct   7  09:26  Music
```

```
drwxr-xr-x.   2  root      root         6   Oct    7  09:26   Pictures
drwxr-xr-x.   2  root      root         6   Oct    7  09:26   Public
-rw-r--r--.   1  root      root       129   Dec   29  2013    .tcshrc
drwxr-xr-x.   2  root      root         6   Oct    7  09:26   Templates
drwxr-xr-x.   2  root      root         6   Oct    7  09:26   Videos
-rw-------.   1  root      root        67   Oct    7  09:28   .Xauthority
```

如果想要查看目录属性信息，则需要额外添加-d参数。例如，可使用如下命令查看/etc目录的权限与属性信息：

```
[root@studylinux ~]# ls -ld /etc
drwxr-xr-x. 132 root root 8192 Jul 10 10:48 /etc
```

4．mkdir 命令

mkdir命令用于创建空白目录，命令格式为：

mkdir [选项] 目录

在Linux系统中，文件夹是最常见的文件类型之一。除了能创建单个空白目录外，mkdir命令还可以结合-p参数递归创建出具有嵌套叠层关系的文件目录。

```
[root@studylinux ~]# mkdir linux
[root@studylinux ~]# cd linux
[root@studylinux linux]# mkdir -p a/b/c/d/e
[root@studylinux linux]# cd a
[root@studylinux a]# cd b
[root@studylinux b]#
```

4.3 文 件 权 限

在Linux系统中，每个文件都有所属的所有者和所有组，并且规定了文件的所有者、所有组以及其他人对文件所拥有的可读（r）、可写（w）、可执行（x）等三种权限，可以采用字符表示法和数字表示法。具体内容见表4-4。

表 4-4 文件权限的字符与数字表示

权限分配	文件所有者			文件所属组			其他用户		
权限项	读	写	执行	读	写	执行	读	写	执行
字符表示	r	w	x	r	w	x	r	w	x
数字表示	4	2	1	4	2	1	4	2	1

为了简化文件权限的表示，在使用字符表示（rwx）权限的基础上演化出数字表示法。例如，若某个文件的权限为7则代表该文件可读、可写、可执行（4+2+1）；若文件的权限为6则代表该文件可读、可写（4+2）。例如，对于一个文件，其所有者拥有可读、可写、可执行的权限，其文件所属组拥有可读、可写的权限，其他人只有可读的权限。这个文件的权限就是rwxrw-r--，数字法表示即为764。Linux系统的权限数字表示法，文件的所有者权限、所属组权限、其他权限三者之间没有互通关系。

4.3.1 访问权限

对于文件和目录来说，读写可执行的权限有不同的含义，见表4-5。

表 4-5 文件和目录权限的含义

权限	文件	目录
读	能够读取文件的实际内容	能够读取目录内的文件列表
写	能够编辑、新增、修改、删除文件的实际内容	能够在目录内新增、删除、重命名文件
可执行	能够运行一个脚本程序	能够进入该目录

文件权限与用户和组紧密联系在一起。事实上,文件的访问权限针对以下 3 类用户:

(1)文件所有者:创建文件或目录的用户。

(2)文件所属组:文件所有者所属组中的其他用户。

(3)其他用户:除文件所有者、所有者的所属组用户之外的其他用户。

【例 4-3】查看文件/etc/passswd 的文件访问权限。

```
[root@studylinux ~]#ls -l /etc/passwd
-rw-r--r--. 1 root root 1040 Sep 3 08:45 /etc/passwd
```

passwd 文件的访问权限为"-rw-r--r--",含义如下所示:

① 第 1 标识位为"-",表示为普通文件。

② 第 2 位至第 4 位标识位为"rw-":说明该文件的所有者 root 对该文件具有可读和可写权限。

③ 第 5 位至第 7 位标识位为"r--":说明与该文件所有者所属的 root 组的同组用户对该文件具有可读权限,但不能对该文件进行写操作和执行操作。

④ 第 8 位至第 10 位标识位为"r--":说明其他用户对文件具有可读权限,无写权限和执行权限。

4.3.2 文件预设权限

在 Linux 操作系统中创建文件或目录时,系统会根据默认参数设置其访问权限。umask 命令用于指定用户在建立文件或目录时的默认权限值。

【例 4-4】查看默认权限。

```
[root@studylinux ~]#umask
0022
[root@studylinux ~]#umask -S
u=rwx,g=rx,o=rx
```

查看默认权限有两种方法:第一种方法是直接使用 umask 命令,得到文件权限的数字表示法;第二种方法是加入-S(Symbolic)选项,得到文件权限的文字表示法。

umask 得到的数字表示法有 4 组数字,最左侧的一组为特殊权限,右侧三组为文件的普通权限。目录与文件的权限不同。可执行(x)权限对于目录来说非常重要,如果没有可执行(x)权限,就不能进入该目录,所以目录必须要有可执行(x)权限。一般来说,文件是用来保存数据的,不需要执行权限 x。因此,预设的权限应当如下:

(1)如使用者新建文件,则预设没有可执行(x)权限,只有 rw 权限,文件的最大权限为 666,预设权限为:rw-rw-rw-;

(2)如使用者新建目录,则预设具有 x 权限,目录的最大权限为 777,预设权限为:rwxrwxrwx。

umask 的分值指的是该默认权限需要减掉的权限(r、w、x 分别对应的是 4、2、1),具体如下:

(1)去掉写入权限时,umask 的值为 2;

(2)去掉读取权限时,umask 的值为 4;

（3）去掉读取和写入权限时，umask 的值为 6；

（4）去掉执行和写入权限时，umask 的值为 3。

在例 4-4 中，umask 的值为 022，所有者没有被去掉任何权限，属组和其他人的权限被去掉了 2，则权限为：

> 新建文件时：（-rw-rw-rw-）-（------w--w-）=-rw-r--r--；
> 新建目录时：（drwxrwxrwx）-（d-----w--w-）=drwxr-xr-x。

例 4-4 的验证：

```
[root@studylinux ~]#umask
0022
[root@studylinux ~]#touch test1
[root@studylinux ~]#mkdir test2
[root@studylinux ~]#ls -l
-rw-r--r-- 1 root root 0 may 5 10:45 test1
drwxr-xr-x 1 root root 4096 may 5 10:45 test2
```

4.3.3 文件权限修改

1. chmod 命令

文件的权限可以通过 chmod 命令重新设置或者修改，命令格式如下：

chmod [-R] 权限 文件或目录名称

说明：

（1）权限：可以使用数字表示法或者字符表示法，字符表示法格式如下：

[ugoa][[+-=]rwx][,……]

各部分表示的含义如下：

①u 表示文件拥有者；g 表示同组用户；o 表示其他用户；a 表示所有用户。

②"+"表示在原权限的基础上增加权限；"-"表示在原权限的基础上减少权限；"="表示指定权限。

③r 表示可读权限；w 表示可写权限；x 表示可执行权限。

（2）-R：常用选项，代表递归设置指定目录下的所有文件和子目录的权限。

【例 4-5】：/home/student/stu1 文件当前的权限为 rw-r--r--，将其更改为 rwxrw-r--。

分析：

（1）使用数字法表示权限，文件新的权限值为 764。

```
[root@studylinux ~]#chmod 764 /home/student/stu1
```

（2）使用字符法表示权限，需要为 u 增加 x 权限、为 g 增加 w 权限。

```
[root@studylinux ~]#chmod u+x,g+w /home/student/stu1
```

或者，设定 u 的权限为 rwx，g 的权限为 rw-，o 的权限不变。

```
[root@studylinux ~]#chmod u=rwx,g=rw- /home/student/stu1
```

2. chown 命令

chown 命令用于设置文件或目录的所有者和所属组，命令格式为：

chown [参数] 所有者:所属组 文件或目录名称

【例 4-6】查看当前目录下 test 文件的属性，修改所有者为 root、所属组为 bin。

```
[root@studylinux ~]# ls -l test
-rwxrw----. 1 studylinux root 15 Feb 11 11:50 test
[root@studylinux ~]# chown root:bin test
[root@studylinux ~]# ls -l test
-rwxrw----. 1 root bin 15 Feb 11 11:50 test
```

4.4 文件特殊权限

在复杂多变的生产环境中，单纯设置文件的 rwx 权限无法满足安全性和灵活性的需求，因此便有了 SUID、SGID 与 SBIT 的特殊权限位。这是一种对文件权限进行设置的特殊功能，可以与一般权限同时使用，以弥补一般权限不能实现的功能。下面具体解释这 3 个特殊权限位的功能以及用法。

4.4.1 SUID

SUID（即 Set UID）是一种对二进制程序进行设置的特殊权限，可以让二进制程序的执行者临时拥有属主的权限（仅对拥有执行权限的二进制程序有效）。该标志出现在文件所有者的 x 权限上。

SUID 权限的特殊性表现在：
➢ SUID 权限仅对二进制程序（binary program）有效；
➢ 执行者对于该程序具有 x 可执行权限；
➢ 该权限仅在执行该程序的过程中有效；
➢ 执行者将具有该程序拥有者的权限。

所有用户都可以执行 passwd 命令来修改自己的用户密码，而用户密码保存在/etc/shadow 文件中。查看该文件的默认权限为 000，即除了 root 管理员以外，其他所有用户都没有查看或编辑该文件的权限。但是，在使用 passwd 命令时，加上 SUID 特殊权限位，就可让普通用户临时获得程序所有者的身份，把变更的密码信息写入到 shadow 文件中。这只是一种有条件的、临时的特殊权限授权方法。

查看 passwd 命令属性时发现所有者的权限由 rwx 变成了 rws，其中 x 改变成 s 就意味着该文件被赋予了 SUID 权限。那么如果原本的权限是 rw-呢？如果原先权限位上没有 x 执行权限，那么被赋予特殊权限后将变成大写的 S。

```
[root@studylinux~]# ls -l /etc/shadow
----------. 1 root root 1004 Jan 3 06:23 /etc/shadow
[root@studylinux ~]# ls -l /bin/passwd
-rwsr-xr-x. 1 root root 27832 Jan 29 2017 /bin/passwd
```

4.4.2 SGID

SGID 主要实现如下两种功能：
➢ 让执行者临时拥有属组的权限（对拥有执行权限的二进制程序进行设置）；
➢ 在某个目录中创建的文件自动继承该目录的用户组（只可以对目录进行设置）。

SGID 的第一种功能是参考 SUID 而设计的，不同点在于执行程序的用户获取的不再是文件所有者的临时权限，而是获取到文件所属组的权限。

在 Linux 操作系统中，每个文件都有其归属的所有者和所属组，当创建或传送一个文件后，这个文件就会自动归属于执行这个操作的用户（即该用户是文件的所有者）。如果现在需要在一个部门内设置共享目录，让部门内的所有人员都能够读取目录中的内容，那么就可以创建部门共享目录后，在该目录上设置 SGID 特殊权限位。这样，部门内的任何人员在其中创建的任何文件都会归属于该目录的所属组，而不再是自己的基本用户组。此时，用到的就是 SGID 的第二个功能，即在某个目录中创建的文件自动继承该目录的用户组（只可以对目录进行设置）。

```
[root@studylinux ~]# cd /tmp
[root@studylinux tmp]# mkdir testdir
[root@studylinux tmp]# ls -ald testdir/
drwxr-xr-x. 2 root root 6 Feb 11 11:50 testdir/
[root@studylinux tmp]# chmod -Rf 777 testdir/
[root@studylinux tmp]# chmod -Rf g+s testdir/
[root@studylinux tmp]# ls -ald testdir/
drwxrwsrwx. 2 root root 6 Feb 11 11:50 testdir/
```

使用上述命令设置好目录的 777 权限（确保普通用户可以向其中写入文件），并为该目录设置了 SGID 特殊权限位后，就可以切换至一个普通用户，然后尝试在该目录中创建文件，并查看新创建的文件是否会继承新创建的文件所在目录的所属组名称：

```
[root@studylinux tmp]# su - linux
Last login: Wed Feb 11 11:49:16 CST 2017 on pts/0
[linux@studylinux ~]$ cd /tmp/testdir/
[linux@studylinux testdir]$ echo "linux.com" > test
[linux@studylinux testdir]$ ls -al test
-rw-rw-r--. 1 linux root 15 Feb 11 11:50 test
```

4.4.3 SBIT

SBIT 特殊权限位可确保用户只能删除自己的文件，而不能删除其他用户的文件。换句话说，当对某个目录设置了 SBIT 权限后，那么该目录中的文件只能被其所有者执行删除操作。

RHEL 7 系统中的/tmp 作为一个共享文件的目录，默认已经设置了 SBIT 特殊权限位，因此除非是该目录的所有者，否则无法删除这里面的文件。

与前面所讲的 SUID 和 SGID 权限显示方法不同，当目录被设置 SBIT 特殊权限位后，文件的其他人权限部分的 x 执行权限就会被替换成 t 或者 T，原本有 x 执行权限则会写成 t，原本没有 x 执行权限则会被写成 T。

```
[root@studylinux tmp]# su - linux
Last login: Wed Feb 11 12:41:20 CST 2017 on pts/0
[linux@studylinuxe tmp]$ ls -ald /tmp
drwxrwxrwt. 17 root root 4096 Feb 11 13:03 /tmp
[linux@studylinux ~]$ cd /tmp
[linux@studylinux tmp]$ ls -ald
drwxrwxrwt. 17 root root 4096 Feb 11 13:03 .
[linux@studylinux tmp]$ echo "Welcome to linux.com" > test
[linux@studylinux tmp]$ chmod 777 test
[linux@studylinux tmp]$ ls -al test
-rwxrwxrwx. 1 linux linux 10 Feb 11 12:59 test
```

文件能否被删除并不取决于自身的权限，而是看其所在目录是否有写入权限。上面的命令还是赋予了这个 test 文件最大的 777 权限（rwxrwxrwx）。切换到另外一个普通用户，然后尝试删除这个其他人创建的文件就会发现，即便读、写、执行权限全开，但是由于 SBIT 特殊权限位的缘故，依然无法删除该文件：

```
[root@studylinux tmp]# su - natasha
Last login: Wed Feb 11 12:41:29 CST 2017 on pts/1
[natasha@studylinux ~]$ cd /tmp
[natasha@studylinux tmp]$ rm -f test
rm: cannot remove 'test': Operation not permitted
```

当然，如果也想对其他目录设置 SBIT 特殊权限位，用 chmod 命令即可。对应的参数 o+t 代表设置 SBIT 粘滞位权限：

```
[natasha@studylinux tmp]$ exit
Logout
[root@studylinux tmp]# cd ~
[root@studylinux ~]# mkdir linux
[root@studylinux ~]# chmod -R o+t linux/
[root@studylinux ~]# ls -ld linux/
drwxr-xr-t. 2 root root 6 Feb 11 19:34 linux/
```

4.5 文件的隐藏属性

Linux 系统中的文件除了具备一般权限和特殊权限之外，还有一种隐藏权限，即被隐藏起来的权限，默认情况下不能直接被用户发觉。有用户曾经在生产环境中碰到过明明权限充足但却无法删除某个文件的情况，或者仅能在日志文件中追加内容而不能修改或删除内容，这在一定程度上阻止了黑客篡改系统日志的图谋，因此这种"奇怪"的文件也保障了 Linux 系统的安全性。

4.5.1 chattr 命令

chattr 命令用于设置文件的隐藏权限，命令格式为：

chattr [参数] 文件

如果想要把某个隐藏功能添加到文件上，则需要在命令后面追加"+参数"，如果想要把某个隐藏功能移出文件，则需要追加"−参数"。chattr 命令中可供选择的隐藏权限参数非常丰富，具体见表 4-6。

表 4-6 chattr 命令中用于隐藏权限的参数及其作用

参数	作用
i	无法对文件进行修改；若对目录设置该参数，仅能修改其中的子文件内容而不能新建或删除文件
a	仅允许补充（追加）内容，无法覆盖/删除内容（Append Only）
S	文件内容在变更后立即同步到硬盘（sync）
s	彻底从硬盘中删除，不可恢复（用 0 填充原文件所在硬盘区域）
A	不再修改该文件或目录的最后访问时间（atime）
b	不再修改文件或目录的存取时间
D	检查压缩文件中的错误
d	使用 dump 命令备份时忽略本文件/目录
c	默认将文件或目录进行压缩
u	当删除该文件后依然保留其在硬盘中的数据，方便日后恢复
t	让文件系统支持尾部合并（tail-merging）
X	可以直接访问压缩文件中的内容

首先创建一个普通文件,然后立即删除,这个操作肯定会成功:

```
[root@studylinux ~]# echo "for Test" > linux
[root@studylinux ~]# rm linux
rm: remove regular file 'linux'? y
```

接下来,再次新建一个普通文件,并为其设置不允许删除与覆盖(+a 参数)权限,然后再尝试将该文件删除:

```
[root@studylinux ~]# echo "for Test" > linux
[root@studylinux ~]# chattr +a linux
[root@studylinux ~]# rm linux
rm: remove regular file 'linux'? y
rm: cannot remove 'linux': Operation not permitted
```

可见,上述操作失败了。

4.5.2　lsattr 命令

lsattr 命令用于显示文件的隐藏权限,命令格式为:

lsattr [参数] 文件

在 Linux 系统中,文件的隐藏权限必须使用 lsattr 命令查看,平时使用的 ls 等命令则看不出端倪:

```
[root@studylinux ~]# ls -al linux
-rw-r--r--. 1 root root 9 Feb 12 11:42 linux
```

一旦使用 lsattr 命令后,文件上被赋予的隐藏权限马上就会原形毕露。此时可以按照显示的隐藏权限的类型(字母),使用 chattr 命令将其去掉:

```
[root@studylinux ~]# lsattr linux
-----a---------- linux
[root@studylinux ~]# chattr -a linux
[root@studylinux ~]# lsattr linux
---------------- linux
[root@studylinux ~]# rm linux
rm: remove regular file 'linux'? y
```

4.6　文件访问控制列表

　　文件的一般权限、特殊权限、隐藏权限其实有一个共性——都是针对某一类用户设置的。如果希望对某个指定用户进行单独的权限控制,就需要用到文件的访问控制列表(ACL)。通俗地讲,基于普通文件或目录设置 ACL 其实就是针对指定的用户或用户组设置文件或目录的操作权限。另外,如果针对某个目录设置了 ACL,则目录中的文件会继承其 ACL;若针对文件设置了 ACL,则文件不再继承其所在目录的 ACL。

　　首先,切换到普通用户,然后尝试进入 root 管理员的家目录中。在没有针对普通用户对 root 管理员的家目录设置 ACL 之前,其执行结果如下所示:

```
[root@studylinux ~]# su - linux
Last login: Sat Mar 21 16:31:19 CST 2021 on pts/0
[linux@studylinux ~]$ cd /root
-bash: cd: /root: Permission denied
[linux@studylinux root]$ exit
```

4.6.1 setfacl 命令

setfacl 命令用于设置文件的 ACL 规则，命令格式为：

setfacl [参数] 文件名称

文件的 ACL 提供的是在所有者、所属组、其他人的读/写/执行权限之外的特殊权限控制，使用 setfacl 命令可以针对单一用户或用户组、单一文件或目录进行读/写/执行权限的控制。

其中，针对目录文件需要使用–R 递归参数；针对普通文件则使用–m 参数；删除某个文件的 ACL，则可以使用–b 参数。

下面来设置用户在/root 目录上的权限：

```
[root@studylinux ~]# setfacl -Rm u:linux:rwx /root
[root@studylinux ~]# su - linux
Last login: Sat Mar 21 15:45:03 CST 2021 on pts/1
[linux@studylinux ~]$ cd /root
[linux@studylinux root]$ ls
anaconda-ks.cfg Downloads Pictures Public
[linux@studylinux root]$ cat anaconda-ks.cfg
[linux@studylinux root]$ exit
```

常用的 ls 命令是看不到 ACL 表信息的，但是却可以看到文件的权限最后一个点（.）变成了加号（+），这就意味着该文件已经设置了 ACL。

```
[root@studylinux ~]# ls -ld /root
dr-xrwx---+ 14 root root 4096 May 4 2017 /root
```

4.6.2 getfacl 命令

getfacl 命令用于显示文件上设置的 ACL 信息，命令格式为：

getfacl 文件名称

下面使用 getfacl 命令显示在 root 管理员家目录上设置的所有 ACL 信息。

```
[root@studylinux ~]# getfacl /root
getfacl: Removing leading '/' from absolute path names
# file: root
# owner: root
# group: root
user::r-x
user:linux:rwx
group::r-x
mask::rwx
other::---
```

单 元 实 训

【实训目的】

➢ 掌握文件及目录操作的相关命令；
➢ 掌握权限设置、修改的相关命令；
➢ 掌握绝对路径、相对路径的使用；
➢ 理解文件权限的含义及表示方法。

【实训内容】

（1）查看当前所在目录。
（2）列出当前目录下的文件和目录。
（3）查看此目录下包括隐藏文件在内的所有文件和目录。
（4）查看 ls 命令的使用手册。
（5）在根目录下创建目录 stu、文件 stufile01、stufile02，并查看属性。
（6）将文件 stufile01 复制至目录/stu 内。
（7）将文件 stufile02 重命名为 newfile02，并移动该文件至/stu 目录下。
（8）查看文件的预设权限。
（9）设置文件 stufile01 的权限为所有者可读可写、其他人无任何权限。
（10）修改文件 newfile02 的属主为 linux。

单 元 习 题

一、选择题

1. Linux 交换分区的作用是（　　）。
   A. 保存系统文件　　　　　　　　　B. 虚拟内存空间
   C. 保存访问过的文件　　　　　　　D. 作为用户的主目录
2. 光盘所使用的文件系统类型为（　　）。
   A. Ext2　　　　B. Ext3　　　　C. swap　　　　D. ISO9660
3. 一个文件属性为 drwxrwxrwx，则对于这个文件的说法正确的是（　　）。
   A. 任何用户均可读取、写入　　　　B. root 用户可以删除该目录的文件
   C. 给普通用户以文件所有者的权限　D. 该文件为目录
4. 文件名前多一个"."，则代表该文件为（　　）。
   A. 隐藏文件　　B. 可执行文件　C. 上一层目录　D. 目录
5. 一个文件属性为-rwsr-xr-x，则对于该文件的说法正确的是（　　）。
   A. 该文件的属组成员可以删除该文件　B. 任何用户均可读写该文件
   C. 给普通用户以文件所有者的权限　　D. 该文件为目录
6. Linux 文件权限一共 10 位长度，分成四段，第三段表示的内容是（　　）。
   A. 文件类型　　　　　　　　　　　B. 文件所有者的权限
   C. 文件所有者所在组的权限　　　　D. 其他用户的权限
7. 在使用 mkdir 命令创建新的目录时，在其父目录不存在时先创建父目录的选项是（　　）。
   A. –m　　　　　B. –d　　　　　C. –f　　　　　D. –p
8. 某文件的组外成员的权限为只读；所有者有全部权限；组内的权限为读与写，则该文件的权限为（　　）。
   A. 467　　　　　B. 674　　　　　C. 476　　　　　D. 764

9. 若当前目录为/home，命令 ls –l 将显示 home 目录下的（　　）。
   A. 所有文件　　　　　　　　　　　　B. 所有隐含文件
   C. 所有非隐含文件　　　　　　　　　D. 文件的具体信息
10. 快速切换到用户 John 的主目录下的命令是（　　）。
    A. cd　@John　　B. cd　#John　　C. cd　&John　　D. cd　~John
11. 在 Linux 中，要查看文件内容，可使用（　　）命令。
    A. more　　　　B. cd　　　　　C. login　　　　D. logout
12. 文件权限读、写、执行三种符号的标志依次是（　　）。（1+X）
    A. rwx　　　　　B. xrw　　　　C. rdx　　　　　D. rws
13. 改变文件所有者的命令为（　　）。
    A. chmod　　　　B. touch　　　C. chown　　　　D. cat
14. 文件 exer1 的访问权限为 rw-r--r--，现要增加所有用户的执行权限和同组用户的写权限，下列命令正确的是（　　）。
    A. chmod a+x, g+w exer1　　　　　B. chmod 765 exer1
    C. chmod o+x exer1　　　　　　　D. chmod g+w exer1
15. 在 UNIX 系统下执行 chmod("/usr/test/sample", 0753)后文件 sample 的访问权限为（　　）。（1+X）
    A. 拥有者可读写执行，同组用户可写可执行，其他用户可读可执行
    B. 拥有者可读写执行，同组用户可读写，其他用户可读可执行
    C. 拥有者可读写执行，同组用户可读可执行，其他用户可写可执行
    D. 拥有者可读写执行，同组用户可读可执行，其他用户可读写

二、填空题

1. 文件系统（File System）是磁盘上有特定格式的一片区域，操作系统利用文件系统＿＿＿＿＿和＿＿＿＿＿文件。
2. ext 文件系统在 1992 年完成，成为＿＿＿＿＿，是第一个专门针对 Linux 操作系统的文件系统。Linux 系统使用＿＿＿＿＿文件系统。
3. 默认的权限可用＿＿＿＿＿命令修改，用法简单，只需执行＿＿＿＿＿命令就可以屏蔽所有权限，因而之后建立的文件或目录，其权限都变成＿＿＿＿＿。
4. ＿＿＿＿＿代表当前目录，也可以使用./表示。＿＿＿＿＿代表上一层目录，也可以使用../表示。
5. 想让用户 anny 拥有文件 filename 的执行权限，但不知道该文件原来的权限是什么，应该执行命令＿＿＿＿＿。

单元 5　管理磁盘

单元导读

在 Linux 操作系统中，硬件设备也是文件，有自己的名称。本单元将介绍 Linux 操作系统中物理设备的命名规则、硬件设备的挂载卸载命令、添加硬盘设备、交换分区的步骤。

学习目标

- 了解物理设备在 Linux 操作系统中的命名规则；
- 掌握硬盘设备的添加、分区、挂载等操作；
- 掌握交换分区的添加。

5.1　物理设备的命名

在 Linux 系统中一切都是文件，硬件设备也不例外。文件，就必须有文件名称。系统内核中的 udev 设备管理器会自动对硬件名称进行规范，目的是让用户通过设备文件的名字可以猜出设备大致的属性以及分区信息等，这对于陌生的设备来说特别方便。另外，udev 设备管理器的服务会一直以守护进程的形式运行并侦听内核发出的信号来管理/dev 目录下的设备文件。Linux 系统中常见硬件设备的文件名称见表 5-1。

表 5-1　常见硬件设备的文件名称

硬 件 设 备	文 件 名 称
IDE 设备	/dev/hd[a-d]
SCSI/SATA/U 盘	/dev/sd[a-p]
软驱	/dev/fd[0-1]
打印机	/dev/lp[0-15]
光驱	/dev/cdrom
鼠标	/dev/mouse
磁带机	/dev/st0 或 /dev/ht0

现在的 IDE 设备已经很少见了，所以一般的硬盘设备都会以 "/dev/sd" 开头。而一台主机上可以有多块硬盘，因此系统采用 a~p 代表 16 块不同的硬盘（默认从 a 开始分配），而且硬盘的分区编号也很讲究：

- 主分区或扩展分区的编号从 1 开始，到 4 结束；

➢ 逻辑分区从编号 5 开始。

/dev 目录中 sda 设备之所以是 a，是由系统内核的识别顺序来决定的，而恰巧很多主板的插槽顺序就是系统内核的识别顺序，因此才会被命名为/dev/sda。在使用 iSCSI 网络存储设备时就会发现，明明主板上第二个插槽是空着的，但系统却能识别到/dev/sdb 设备。

分区的数字编码不一定是强制顺延下来的，也可以是手工指定。因此 sda3 只能表示是编号为 3 的分区，而不能判断 sda 设备上已经存在了 3 个分区。

/dev/sda5 设备文件名称包含信息如图 5-1 所示。

图 5-1　设备文件名称

①/dev/目录中保存的是硬件设备文件；

②sd 表示是存储设备，a 表示系统中同类接口中第一个被识别到的设备，5 表示这个设备是一个逻辑分区。

综上，"/dev/sda5"表示"这是系统中第一块被识别到的硬件设备中分区编号为 5 的逻辑分区的设备文件"。

硬盘设备是由大量扇区组成的，每个扇区的容量为 512 字节。其中第一个扇区最重要，保存着主引导记录与分区表信息。在第一个扇区中，主引导记录需要占用 446 字节，分区表为 64 字节，结束符占用 2 字节；其中分区表中每记录一个分区信息就需要 16 字节，第一个扇区中最多只有 4 个分区信息可以写，这 4 个分区就是 4 个主分区。第一个扇区中的数据信息如图 5-2 所示。

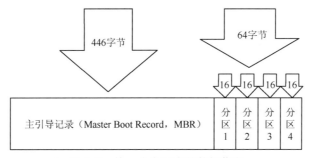

图 5-2　第一个扇区中的数据信息

于是为了解决分区个数不够多的问题，将第一个扇区的分区表中一个 16 字节的空间指向另外一个分区（即扩展分区）。可见，扩展分区其实并不是一个真正的分区，而是一个占用 16 字节分区表空间的指针——一个指向另外一个分区的指针。用户一般会选择使用 3 个主分区加 1 个扩展分区的方法，然后在扩展分区中创建出数个逻辑分区，从而满足多分区（大于 4 个）的需求。主分区、扩展分区、逻辑分区可以如图 5-3 所示进行规划。

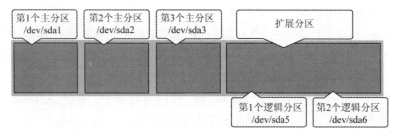

图 5-3 硬盘分区的规划

在 Linux 操作系统中，当用户需要使用硬盘设备或分区中的数据时，需要先将其与一个已存在的目录文件进行关联，该关联动作就是"挂载"。

5.2 挂载硬件设备的命令

5.2.1 mount 命令

mount 命令用于挂载文件系统，命令格式为：

mount 文件系统 挂载目录

mount 命令中可用的参数及作用见表 5-2。挂载是在使用硬件设备前所执行的最后一步操作。只需使用 mount 命令把硬盘设备或分区与一个目录文件进行关联，然后就能在该目录中看到硬件设备中的数据。对于比较新的 Linux 系统来讲，一般不需要使用-t 参数指定文件系统的类型，Linux 系统会自动进行判断。-a 参数，在执行后自动检查/etc/fstab 文件中有无疏漏被挂载的设备文件，如果有，则进行自动挂载操作。

表 5-2 mount 命令中的参数及作用

参 数	作 用
-a	挂载所有在/etc/fstab 中定义的文件系统
-t	指定文件系统的类型

例如，把设备/dev/sdb2 挂载到/backup 目录，只需要在 mount 命令中填写设备与挂载目录参数即可，系统会自动判断要挂载文件的类型，因此只需要执行下述命令即可：

[root@studylinux ~]# mount /dev/sdb2 /backup

5.2.2 自动挂载硬件设备

按照上面的方法执行 mount 命令后就可以立即使用文件系统，但在 Linux 操作系统重启后挂载就会失效，需要每次开机后都执行该命令重新挂载。如果想让硬件设备和目录永久地进行自动关联，就必须把挂载信息按照指定的填写格式"设备文件 挂载目录 格式类型 权限选项 是否备份 是否自检"（各字段的意义见表 5-3）写入到/etc/fstab 文件中。该文件中包含着挂载所需的信息项目，配置好之后即可一劳永逸。

表 5-3 用于挂载信息的指定填写格式中各字段所表示的意义

字 段	意 义
设备文件	一般为设备的路径+设备名称，也可以是唯一识别码（Universally Unique Identifier，UUID）
挂载目录	指定要挂载到的目录，需在执行挂载命令前创建好

续表

字　段	意　义
格式类型	指定文件系统的格式，如 Ext3、Ext4、XFS、SWAP、iso9660 等
权限选项	若设置为 defaults，则默认权限为：rw, suid, dev, exec, auto, nouser, async
是否备份	若为 1 则开机后使用 dump 进行磁盘备份，为 0 则不备份
是否自检	若为 1 则开机后自动进行磁盘自检，为 0 则不自检

【例 5-1】将文件系统为 ext4 的硬件设备/dev/sdb2 在开机后自动挂载到/backup 目录上，并保持默认权限且无须开机自检。

```
[root@studylinux ~]# vim /etc/fstab
#
# /etc/fstab
# Created by anaconda on Wed May 4 19:26:23 2021
#
# Accessible filesystems, by reference, are maintained under '/dev/disk'
# See man pages fstab(5), findfs(8), mount(8) and/or blkid(8) for more info
#
/dev/mapper/rhel-root                       /            xfs       defaults    1 1
UUID=512bef7c-4c6f-da54-8c77-d8888e1fd32c   /boot        xfs       defaults    1 2
/dev/mapper                                 /rhel-swap   swap swap defaults    0 0
/dev/cdrom                                  /media/cdrom iso9660   defaults    0 0
/dev/sdb2                                   /backup      ext4      defaults    0 0
```

5.2.3 umount 命令

umount 命令用于撤销已经挂载的设备文件，命令格式为：

umount [挂载点/设备文件]

挂载文件系统的目的是使用硬件资源，卸载文件系统就意味着不再使用硬件的设备资源。相对应地，挂载操作就是把硬件设备与目录进行关联的动作，因此卸载操作只需要说明想要取消关联的设备文件或挂载目录的其中一项即可，不需要添加其他额外参数。

【例 5-2】卸载/dev/sdb2 设备文件。

```
[root@studylinux ~]# umount /dev/sdb2
```

5.3　添加硬盘设备

5.3.1　添加硬盘

添加硬盘设备的操作思路：首先在虚拟机中模拟添加一块新的硬盘存储设备，然后进行分区、格式化、挂载等操作，最后通过检查系统的挂载状态并真实地使用硬盘来验证硬盘设备是否成功添加。

具体操作步骤如下：

虚拟机系统关机状态下，在虚拟机管理主界面中单击"编辑虚拟机设置"选项，在弹出的界面中单击"添加"按钮，新增一块硬件设备，如图 5-4 所示。

选择添加的硬件类型为"硬盘"，然后单击"下一步"按钮，如图 5-5 所示。

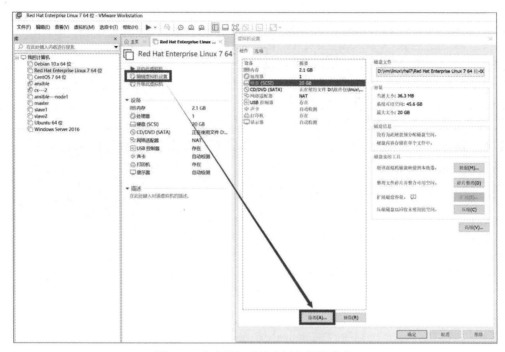

图 5-4 在虚拟机系统中添加硬件设备

图 5-5 选择添加硬件类

选择虚拟硬盘的类型为 SCSI（默认推荐），单击"下一步"按钮，如图 5-6 所示。虚拟机中的设备名称应该被设置为/dev/sdb。

选中"创建新虚拟磁盘"单选按钮，单击"下一步"按钮，如图 5-7 所示。

图 5-6　选择硬盘设备类型

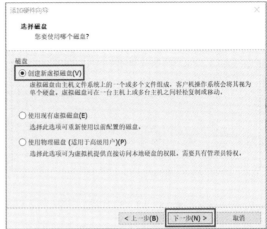

图 5-7　选择"创建新虚拟磁盘"单选按钮

将"最大磁盘大小"设置为默认的 20 GB。该数值用于限制这台虚拟机所使用的最大硬盘空间，而不是立即将其填满。单击"下一步"按钮，如图 5-8 所示。

设置磁盘文件的文件名和保存位置，单击"完成"按钮，如图 5-9 所示。

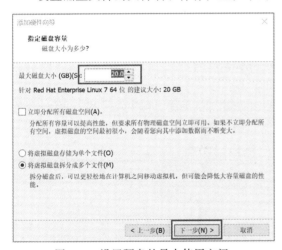

图 5-8　设置硬盘的最大使用空间

图 5-9　设置磁盘文件的文件名和保存位置

添加好新硬盘后即可看到设备信息。单击"确认"按钮后即可开启虚拟机，如图 5-10 所示。

在虚拟机中模拟添加了硬盘设备后就能看到抽象成的硬盘设备文件。按照 udev 服务命名规则，第二个被识别的 SCSI 设备应该会被保存为/dev/sdb，这个就是新添加的硬盘设备文件。在开始使用该硬盘之前需要进行分区操作。

图 5-10　查看虚拟机硬件设置信息

5.3.2　fdisk 命令

在 Linux 系统中，fdisk 命令用于管理磁盘分区，命令格式为：

fdisk　[磁盘名称]

fdisk 命令的参数（见表 5-4）是交互式的，提供了集添加、删除、转换分区等功能于一身的"一站式分区服务"。在管理硬盘设备时特别方便，可以根据需求动态调整。

表 5-4　fdisk 命令中的参数以及作用

参　数	作　用
m	查看全部可用的参数
n	添加新的分区
d	删除某个分区信息
l	列出所有可用的分区类型
t	改变某个分区的类型
p	查看分区信息
w	保存并退出
q	不保存直接退出

首先使用 fdisk 命令尝试管理 /dev/sdb 硬盘设备。在看到提示信息后输入参数 p 查看硬盘设备内已有的分区信息，其中包括了硬盘的容量大小、扇区个数等信息：

[root@studylinux ~]# fdisk /dev/sdb

```
Welcome to fdisk (util-linux 2.23.2).
Changes will remain in memory only, until you decide to write them.
Be careful before using the write command.
Device does not contain a recognized partition table
Building a new DOS disklabel with disk identifier 0x47d24a34.
Command (m for help): p
Disk /dev/sdb: 21.5 GB, 21474836480 bytes, 41943040 sectors
Units = sectors of 1 * 512 = 512 bytes
Sector size (logical/physical): 512 bytes / 512 bytes
I/O size (minimum/optimal): 512 bytes / 512 bytes
Disk label type: dos
Disk identifier: 0x47d24a34
Device Boot Start End Blocks Id System
```

输入参数 n 添加新的分区。系统要求选择输入参数 p 创建主分区，或是输入参数 e 创建扩展分区。这里输入参数 p 创建一个主分区：

```
Command (m for help): n
Partition type:
p primary (0 primary, 0 extended, 4 free)
e extended
Select (default p): p
```

在确认创建一个主分区后，需要输入主分区的编号。主分区的编号范围是 1~4，因此输入默认值 1。接下来系统会提示定义起始的扇区位置，按【Enter】键保留默认设置即可，系统会自动计算出最靠前的空闲扇区的位置。最后，系统会要求定义分区的结束扇区位置，这其实就是要去定义整个分区的大小是多少。只需要输入+2G 即可创建出一个容量为 2 GB 的硬盘分区。

```
Partition number (1-4, default 1): 1
First sector (2048-41943039, default 2048):此处按【Enter】键
Using default value 2048
Last sector, +sectors or +size{K,M,G} (2048-41943039, default 41943039): +2G
Partition 1 of type Linux and of size 2 GiB is set
```

再次使用参数 p 来查看硬盘设备中的分区信息。可以看到一个名称为/dev/sdb1、起始扇区位置为 2048、结束扇区位置为 4196351 的主分区了。输入参数 w 后按【Enter】键，分区信息才能够写入成功。

```
Command (m for help): p
Disk /dev/sdb: 21.5 GB, 21474836480 bytes, 41943040 sectors
Units = sectors of 1 * 512 = 512 bytes
Sector size (logical/physical): 512 bytes / 512 bytes
I/O size (minimum/optimal): 512 bytes / 512 bytes
Disk label type: dos
Disk identifier: 0x47d24a34
Device Boot Start End Blocks Id System
/dev/sdb1 2048 4196351 2097152 83 Linux
Command (m for help): w
The partition table has been altered!
Calling ioctl() to re-read partition table.
Syncing disks.
```

上述步骤执行完毕之后，Linux 系统会自动把该硬盘主分区抽象成/dev/sdb1 设备文件。为了

确保分区信息同步给 Linux 内核，输入两次 partprobe 命令手动将分区信息同步到内核。或者重启计算机。

```
[root@studylinux ]# file /dev/sdb1
/dev/sdb1: cannot open (No such file or directory)
[root@studylinux ]# partprobe
[root@studylinux ]# partprobe
[root@studylinux ]# file /dev/sdb1
/dev/sdb1: block special
```

如果硬盘存储设备没有进行格式化，Linux 系统无法得知怎么在其上写入数据。因此，在对存储设备进行分区后还需要进行格式化操作。在 Linux 系统中用于格式化操作的命令是 mkfs，在 Shell 终端中输入 mkfs 名后再按两下用于补齐命令的【Tab】键，会有如下所示的效果：

```
[root@studylinux ~]# mkfs
mkfs            mkfs.cramfs     mkfs.ext3       mkfs.fat        mkfs.msdos      mkfs.xfs
mkfs.btrfs      mkfs.ext2       mkfs.ext4       mkfs.minix      mkfs.vfat
```

mkfs.文件类型名称。例如要格式分区为 XFS 的文件系统，则命令应为 mkfs.xfs /dev/sdb1。

```
[root@studylinux ~]# mkfs.xfs /dev/sdb1
meta-data=/dev/sdb1              isize=256    agcount=4, agsize=131072 blks
         =                       sectsz=512   attr=2, projid32bit=1
         =                       crc=0
data     =                       bsize=4096   blocks=524288, imaxpct=25
         =                       sunit=0      swidth=0 blks
naming   =version 2              bsize=4096   ascii-ci=0 ftype=0
log      =internal log           bsize=4096   blocks=2560, version=2
         =                       sectsz=512   sunit=0 blks, lazy-count=1
realtime =none                   extsz=4096   blocks=0, rtextents=0
```

完成存储设备的分区和格式化操作后，挂载并使用存储设备。步骤非常简单：首先创建一个用于挂载设备的挂载点目录；然后使用 mount 命令将存储设备与挂载点进行关联；最后使用 df –h 命令查看挂载状态和硬盘使用量信息。

```
[root@studylinux ~]# mkdir /newFS
[root@studylinux ~]# mount /dev/sdb1 /newFS/
[root@studylinux ~]# df -h
Filesystem              Size    Used    Avail   Use%    Mounted on
/dev/mapper/rhel-root   18G     3.5G    15G     20%     /
devtmpfs                905M    0       905M    0%      /dev
tmpfs                   914M    140K    914M    1%      /dev/shm
tmpfs                   914M    8.8M    905M    1%      /run
tmpfs                   914M    0       914M    0%      /sys/fs/cgroup
/dev/sr0                3.5G    3.5G    0       100%    /media/cdrom
/dev/sda1               497M    119M    379M    24%     /boot
/dev/sdb1               2.0G    33M     2.0G    2%      /newFS
```

5.3.3 du 命令

存储设备顺利挂载后，接下来可以通过挂载点目录向存储设备中写入文件。在写入文件之前，先使用 du 命令查看文件数据占用量，命令格式为：

```
du [选项] [文件]
```

du 命令用来查看一个或多个文件占用了多大的硬盘空间。

可以使用 du –sh /*命令查看在 Linux 系统根目录下所有一级目录分别占用的空间大小。
下面,复制一批文件,查看这些文件总共占用了多大的容量:

```
[root@studylinux ~]# cp -rf /etc/* /newFS/
[root@studylinux ~]# ls /newFS/
abrt          hosts           pulse
adjtime       hosts.allow     purple
aliases       hosts.deny      qemu-ga
aliases.db    hp              qemu-kvm
alsa          idmapd.conf     radvd.conf
alternatives  init.d          rc0.d
anacrontab    inittab         rc1.d
……………省略部分输入信息…………
[root@studylinux ~]# du -sh /newFS/
33M   /newFS/
```

把挂载的信息写入到配置文件中,永久挂载该设备:

```
[root@studylinux ~]# vim /etc/fstab
#
# /etc/fstab
# Created by anaconda on Wed May 4 19:26:23 2017
#
# Accessible filesystems, by reference, are maintained under '/dev/disk'
# See man pages fstab(5), findfs(8), mount(8) and/or blkid(8) for more info
#
/dev/mapper/rhel-root                          /              xfs       defaults    1 1
UUID=812b1f7c-8b5b-43da-8c06-b9999e0fe48b      /boot          xfs       defaults    1 2
/dev/mapper                                    /rhel-swap     swap swap defaults    0 0
/dev/cdrom                                     /media/cdrom   iso9660   defaults    0 0
/dev/sdb1                                      /newFS         xfs       defaults    0 0
```

5.4　添加交换分区

SWAP(交换)分区的设计目的是解决真实物理内存不足的问题,是一种通过在硬盘中预先划分一定的空间,然后把内存中暂时不常用的数据临时存放到硬盘中,以便腾出物理内存空间让更活跃的程序服务来使用的技术。但由于交换分区是通过硬盘设备读写数据的,速度要比物理内存慢,所以只有当真实的物理内存耗尽后才会调用交换分区的资源。

交换分区的创建过程与前文讲到的挂载并使用存储设备的过程相似。在生产环境中,交换分区的大小一般为真实物理内存的 1.5～2 倍。

【例 5-3】设置一个 5 GB 交换分区。在分区创建完毕后保存并退出。

```
[root@studylinux ~]# fdisk /dev/sdb
Welcome to fdisk (util-linux 2.23.2).
Changes will remain in memory only, until you decide to write them.
Be careful before using the write command.
Device does not contain a recognized partition table
Building a new DOS disklabel with disk identifier 0xb3d27ce1.
```

```
Command (m for help): n
Partition type:
p primary (1 primary, 0 extended, 3 free)
e extendedSelect (default p): p
Partition number (2-4, default 2):
First sector (4196352-41943039, default 4196352)：此处按【Enter】键
Using default value 4196352
Last sector, +sectors or +size{K,M,G} (4196352-41943039, default 41943039): +5G
Partition 2 of type Linux and of size 5 GiB is set
Command (m for help): p
Disk /dev/sdb: 21.5 GB, 21474836480 bytes, 41943040 sectors
Units = sectors of 1 * 512 = 512 bytes
Sector size (logical/physical): 512 bytes / 512 bytes
I/O size (minimum/optimal): 512 bytes / 512 bytes
Disk label type: dos
Disk identifier: 0xb0ced57f
 Device Boot     Start         End      Blocks    Id   System
/dev/sdb1        2048       4196351    2097152    83   Linux
/dev/sdb2     4196352      14682111    5242880    83   Linux
Command (m for help): w
The partition table has been altered!
Calling ioctl() to re-read partition table.
WARNING: Re-reading the partition table failed with error 16: Device or re
source busy.
The kernel still uses the old table. The new table will be used at
the next reboot or after you run partprobe(8) or kpartx(8)
Syncing disks.
```

使用 SWAP 分区专用的格式化命令 mkswap 对新建的主分区进行格式化操作：

```
[root@studylinux ~]# mkswap /dev/sdb2
Setting up swapspace version 1, size = 5242876 KiB
no label, UUID=2972f9cb-17f0-4113-84c6-c64b97c40c75
```

使用 swapon 命令把准备好的 SWAP 分区设备正式挂载到系统中。使用 free –m 命令查看交换分区的大小变化（由 2 047 MB 增加到 7 167 MB）：

```
[root@studylinux ~]# free -m
             total       used       free     shared    buffers     cached
Mem:          1483        782        701          9          0        254
-/+ buffers/cache:         526        957
Swap:         2047          0       2047
[root@studylinux ~]# swapon /dev/sdb2
[root@studylinux ~]# free -m
             total       used       free     shared    buffers     cached
Mem:          1483        785        697          9          0        254
-/+ buffers/cache:         530        953
Swap:         7167          0       7167
```

为了能够让新的交换分区设备在重启后依然生效，需要按照下面的格式将相关信息写入配置文件中，并保存：

```
[root@studylinux ~]# vim /etc/fstab
```

```
#
# /etc/fstab
# Created by anaconda on Wed May 4 19:26:23 2017
#
# Accessible filesystems, by reference, are maintained under '/dev/disk'
# See man pages fstab(5), findfs(8), mount(8) and/or blkid(8) for more info
#
/dev/mapper/rhel-root                          /              xfs       defaults     1 1
UUID=812b1f7c-8b5b-43da-8c06-b9999e0fe48b /boot           xfs       defaults     1 2
/dev/mapper                                    /rhel-swap     swap swap defaults   0 0
/dev/cdrom                                     /media/cdrom   iso9660   defaults     0 0
/dev/sdb1                                      /newFS         xfs       defaults     0 0
/dev/sdb2                                      swap           swap      defaults     0 0
```

5.5 磁盘容量配额

Linux 系统的设计初衷就是让许多人一起使用并执行各自的任务，从而成为多用户、多任务的操作系统。但是，硬件资源是固定且有限的，如果某些用户不断地在 Linux 系统上创建文件或者存放资料，硬盘空间总有一天会被占满。针对这种情况，root 管理员可以使用磁盘容量配额服务来限制某位用户或某个用户组针对特定文件夹可以使用的最大硬盘空间或最大文件个数，一旦达到这个最大值就不再允许继续使用。可以使用 quota 命令进行磁盘容量配额管理，从而限制用户的硬盘可用容量或所能创建的最大文件个数。quota 命令还有软限制和硬限制的功能。

➤ 软限制：当达到软限制时会提示用户，但仍允许用户在限定的额度内继续使用。

➤ 硬限制：当达到硬限制时会提示用户，且强制终止用户的操作。

RHEL 7 系统中已经安装了 quota 磁盘容量配额服务程序包，但存储设备默认没有开启对 quota 的支持，需要手动编辑配置文件，让 RHEL 7 系统中的/boot 目录能够支持 quota 磁盘配额技术。重启系统后使用 mount 命令查看，即可发现/boot 目录已经支持 quota 磁盘配额技术了：

```
[root@studylinux ~]# vim /etc/fstab
#
# /etc/fstab
# Created by anaconda on Wed May 4 19:26:23 2017
#
# Accessible filesystems, by reference, are maintained under '/dev/disk'
# See man pages fstab(5), findfs(8), mount(8) and/or blkid(8) for more info
#
/dev/mapper/rhel-root                          /              xfs       defaults          1 1
UUID=812b1f7c-8b5b-43da-8c06-b9999e0fe48b /boot           xfs       defaults,uquota  1 2
/dev/mapper                                    /rhel-swap     swap swap defaults          0 0
/dev/cdrom                                     /media/cdrom   iso9660   defaults          0 0
/dev/sdb1                                      /newFS         xfs       defaults          0 0
/dev/sdb2                                      swap           swap      defaults          0 0
[root@studylinux ~]# reboot
[root@studylinux ~]# mount | grep boot
/dev/sda1 on /boot type xfs (rw,relatime,seclabel,attr2,inode64,usrquota)
```

创建一个用于检查 quota 磁盘容量配额效果的用户 tom，并针对/boot 目录增加其他人的写权限，保证用户能够正常写入数据：

```
[root@studylinux ~]# useradd tom
[root@studylinux ~]# chmod -Rf o+w /boot
```

5.5.1 xfs_quota 命令

xfs_quota 命令是一个专门针对 XFS 文件系统来管理 quota 磁盘容量配额服务而设计的命令，命令格式为：

xfs_quota [参数] 配额 文件系统

其中，-c 参数用于以参数的形式设置要执行的命令；-x 参数是专家模式，让运维人员能够对 quota 服务进行更多复杂的配置。

使用 xfs_quota 命令设置用户 tom 对 /boot 目录的 quota 磁盘容量配额。具体的限额控制包括：硬盘使用量的软限制和硬限制分别为 3 MB 和 6 MB；创建文件数量的软限制和硬限制分别为 3 个和 6 个。

```
[root@studylinux ~]# xfs_quota -x -c 'limit bsoft=3m bhard=6m isoft=3 ihard=6 tom' /boot
[root@studylinux ~]# xfs_quota -x -c report /boot
User quota on /boot (/dev/sda1)    Blocks
User ID    Used    Soft    Hard  Warn/Grace
---------- --------------------------------------------------
root       95084      0       0     00 [--------]
tom            0   3072    6144     00 [--------]
```

当配置好上述各种软硬限制后，切换到这个普通用户，然后分别创建一个大小为 5 MB 和 8 MB 的文件。可以发现，在创建 8 MB 的文件时收到了系统限制：

```
[root@studylinux ~]# su - tom
[tom@studylinux ~]$ dd if=/dev/zero of=/boot/tom bs=5M count=1
1+0 records in
1+0 records out
5242880 bytes (5.2 MB) copied, 0.123966 s, 42.3 MB/s
[tom@studylinux ~]$ dd if=/dev/zero of=/boot/tom bs=8M count=1
dd: error writing '/boot/tom': Disk quota exceeded
1+0 records in
0+0 records out
6291456 bytes (6.3 MB) copied, 0.0201593 s, 312 MB/s
```

5.5.2 edquota 命令

edquota 命令用于编辑用户的 quota 配额限制，命令格式为：

edquota [参数] [用户]

在为用户设置了 quota 磁盘容量配额限制后，可以使用 edquota 命令按需修改限额的数值。其中，-u 参数表示要针对哪个用户进行设置；-g 参数表示要针对哪个用户组进行设置。edquota 命令调用 Vi 或 Vim 编辑器让 root 管理员修改要限制的具体细节。

下面把用户 tom 的硬盘使用量的硬限额从 5 MB 提升到 8 MB：

```
[root@studylinux ~]# edquota -u tom
Disk quotas for user tom (uid 1001):
  Filesystem  blocks    soft    hard   inodes    soft    hard
```

```
/dev/sda      6144      3072      8192      1      3      6
[root@linux ~]# su - tom
Last login: Mon Sep 7 16:43:12 CST 2017 on pts/0
[tom@studylinux ~]$ dd if=/dev/zero of=/boot/tom bs=8M count=1
1+0 records in
1+0 records out
8388608 bytes (8.4 MB) copied, 0.0268044 s, 313 MB/s
[tom@studylinux ~]$ dd if=/dev/zero of=/boot/tom bs=10M count=1
dd: error writing '/boot/tom': Disk quota exceeded
1+0 records in
0+0 records out
8388608 bytes (8.4 MB) copied, 0.167529 s, 50.1 MB/s
```

单 元 实 训

【实训目的】

- 掌握 Linux 操作系统下文件系统的创建、挂载与卸载的方法；
- 掌握文件系统的自动挂载方法。

【实训内容】

某单位的 Linux 服务器中新增了一块硬盘/dev/sdb，请使用 fdisk 命令新建/dev/sdb1 主分区和 /dev/sdb2 扩展分区，并在扩展分区中新建/dev/sdb5 逻辑分区，使用 mkfs 命令分别创建 vfat 和 ext4 文件系统。然后用 fsck 命令检查这两个文件系统。最后，把这两个文件系统挂载到系统上。

单 元 习 题

一、选择题

1. 关于文件/etc/fstab 的描述正确的是（　　　）。（1+X）
   A. fstab 文件只能描述属于 Linux 的文件系统
   B. CDROM 和软盘必须是自动加载的
   C. fstab 文件中描述的文件系统不能被卸载
   D. 启动时按 fstab 文件描述内容加载文件系统

2. 若想在一个新分区上建立文件系统，则应使用（　　）命令。
   A. fdisk   B. makefs   C. mkfs   D. format

3. 当前安装 Linux 系统的主机中位于第二个 SCSI 接口的 master 接口挂接一块 40 GB 的硬盘，其在 Linux 中的设备文件名为（　　　）。
   A. /dev/sad   B. /dev/sdb   C. /dev/sdc   D. /dev/sdd

4. 当使用 mount 进行设备或者文件系统挂载时，需要用到的设备名称位于（　　　）目录。
   A. /home   B. /bin   C. /etc   D. /dev

5. 设用户所使用计算机系统上有两块 Sata 硬盘，Linux 系统位于第一块硬盘上，查询第二块硬盘的分区情况应使用（   ）命令。

    A. fdisk -l /dev/sda1   B. fdisk -l /dev/sdb2

    C. fdisk -l /dev/sdb   D. fdisk -l /dev/sda

6. 在命令行查看一台 Linux 机器的 CPU、SWAP 分区信息、硬盘信息的命令是（   ）。（1+X）

    A. cat /proc/cpuinfo   B. du

    C. cat /proc/swaps   D. df -lh

7. 下面有关 ext2 和 ext3 文件系统的描述，错误的是（   ）。（1+X）

    A. ext2/ext3 文件系统使用索引节点记录文件信息，包含了一个文件的长度、创建及修改时间、权限、所属关系、磁盘中的位置等信息

    B. ext3 增加了日志功能，即使在非正常关机后，系统也不需要检查文件系统

    C. ext3 文件系统能够极大地提高文件系统的完整性，避免了意外宕机对文件系统的破坏

    D. ext3 支持 1 EB 的文件系统，以及 16 TB 的文件

8. Linux 通过 VFS 支持多种不同的文件系统。Linux 默认的文件系统是（   ）。

    A. VFAT   B. ISO966   C. Ext 系列   D. NTFS

二、填空题

1. 光盘使用的标准文件系统为_____。

2. _____分区的作用是充当虚拟内存，其大小通常是_____。

3. 安装 Linux 系统时，对硬盘必须有两种分区类型：_____和_____。

单元 6　使用 RAID 与 LVM

单元导读

Linux 系统的网络管理员应掌握配置和管理磁盘的技巧。独立冗余磁盘阵列（RAID）和逻辑卷管理器（LVM）等工具可以帮助网络系统管理员管理和维护用户可用的磁盘容量。

学习目标

➢ 掌握 Linux 下的 RAID 管理的使用方法；
➢ 掌握 LVM 逻辑卷管理器的使用方法。

6.1　RAID（独立冗余磁盘阵列）

近年来，CPU 的处理性能保持着高速增长。2017 年，Intel 公司最新发布的 i9-7980XE 处理器芯片更是达到了 18 核心 36 线程。2020 年末，AMD 公司推出的线程撕裂者系统处理器 3990X，拥有 64 核心 128 线程。但与此同时，硬盘设备的性能提升却不是很大，逐渐成为当代计算机整体性能的瓶颈。而且，由于硬盘设备需要进行持续、频繁、大量的 IO 操作，相较于其他设备，其损坏概率也大幅增加，导致重要数据丢失的概率随之增加。

1988 年，加利福尼亚大学伯克利分校首次提出并定义了 RAID（Redundant Array of Independent Disks）技术的概念。RAID 技术通过把多个硬盘设备组合成一个容量更大、安全性更好的磁盘阵列，并把数据切割成多个区段后分别存放在各个不同的物理硬盘设备上，利用分散读写技术来提升磁盘阵列整体的性能，把多个重要数据的副本同步到不同的物理硬盘设备上，从而起到了非常好的数据冗余备份效果。

任何事物都有其两面性。RAID 技术确实具有非常好的数据冗余备份功能，但是它也提高了成本支出。但企业更看重的是 RAID 技术。不仅降低了硬盘设备损坏后丢失数据的概率，还提升了硬盘设备的读写速度，所以它在绝大多数运营商或大中型企业中得以广泛部署和应用。

目前已有的 RAID 磁盘阵列的方案有十几种，下面详细讲解 RAID 0、RAID 1、RAID 5 与 RAID 10 这 4 种最常见的方案。

6.1.1　RAID 0

RAID 0 是指把多块物理硬盘设备（至少两块）通过硬件或软件的方式串联在一起，组成一个大的卷组，并将数据依次写入到各个物理硬盘中。在最理想的状态下，硬盘设备的读写性能会提升数倍，但是若任意一块硬盘发生故障将导致整个系统的数据都受到破坏。即 RAID 0 技术能够有效地提升硬盘数据的吞吐速度，但是不具备数据备份和错误修复能力。如图 6-1 所示，数据被分别写入不同的硬盘设备中，即 disk1 和 disk2 硬盘设备会分别保存数据资料，最终实现提升读取、写入速度的效果。

6.1.2 RAID 1

在图 6-2 所示的 RAID 1 技术示意图中可以看到，RAID 1 把两块以上的硬盘设备进行绑定，在写入数据时，是将数据同时写入到多块硬盘设备上。当其中某一块硬盘发生故障后，立即自动以热交换的方式来恢复数据的正常使用。

图 6-1　RAID 0 技术示意图

RAID 1 技术更加注重数据的安全性，但是由于是在多块硬盘设备中写入了相同的数据，因此硬盘设备的利用率下降，从理论上来说，图 6-2 所示的硬盘空间的真实可用率只有 50%，由三块硬盘设备组成的 RAID 1 磁盘阵列的可用率只有 33%左右，依此类推。由于需要把数据同时写入到两块以上的硬盘设备，在一定程度上增大了系统计算功能的负载。

图 6-2　RAID 1 技术示意图

6.1.3 RAID 5

RAID 5 技术既考虑到了硬盘设备的读写速度和数据安全性，同时还兼顾了成本问题。

如图 6-3 所示，RAID 5 磁盘阵列组中数据的奇偶校验信息并不是单独保存到某一块硬盘设备中，而是存储到除自身以外的其他每一块硬盘设备上，这样的好处是其中任何一设备损坏后不至于出现致命缺陷；图 6-3 中 parity 部分存放的就是数据的奇偶校验信息，即 RAID 5 技术实际上没有备份硬盘中的真实数据信息，而是当硬盘设备出现问题后通过奇偶校验信息来尝试重建损坏的数据。RAID 5 这样的技术特性"妥协"地兼顾了硬盘设备的读写速度、数据安全性与存储成本问题。

图 6-3　RAID5 技术示意图

6.1.4 RAID 10

大部分企业更在乎的是数据本身的价值而非硬盘价格，因此生产环境中主要使用 RAID 10 技术。

RAID 10 技术是 RAID 1+RAID 0 技术的一个"组合体"。如图 6-4 所示，RAID 10 技术需要至少 4 块硬盘来组建，其中先分别两两制作成 RAID 1 磁盘阵列，以保证数据的安全性；再对两个 RAID 1 磁盘阵列实施 RAID 0 技术，进一步提高硬盘设备的读写速度。这样从理论上来讲，只要坏的不是同一组中的所有硬盘，最多可以损坏 50%的硬盘设备而不丢失数据。由于 RAID 10 技术继承了 RAID 0 的高读写速度和 RAID 1 的数据安全性，在不考虑成本的情况下 RAID 10 的性能都超过了 RAID 5，因此当前成为广泛使用的一种存储技术。

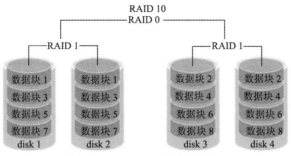

图 6-4　RAID 10 技术示意图

6.1.5　部署磁盘阵列

在具备了硬盘设备管理基础之后，再来部署 RAID 和 LVM 就变得十分轻松了。首先，需要在虚拟机中添加 4 块硬盘设备制作一个 RAID 10 磁盘阵列，如图 6-5 所示。

图 6-5　为虚拟机系统模拟添加 4 块硬盘设备

在关闭系统之后，再在虚拟机中添加 4 块硬盘设备。

mdadm 命令用于管理 Linux 系统中的软件 RAID 硬盘阵列，命令格式为：
mdadm　[模式]　<RAID 设备名称>　[选项]　[成员设备名称]

当前生产环境中用到的服务器一般都配备 RAID 阵列卡，尽管服务器的价格越来越便宜，但是依然没有必要为了做一个实验而去单独购买一台服务器，而是使用 mdadm 命令在 Linux 系统中创建和管理软件 RAID 磁盘阵列，它涉及的理论知识的操作过程与生产环境中的完全一致。mdadm 命令的常用参数及作用见表 6-1。

表 6-1 mdadm 命令的常用参数及作用

参　数	作　用	参　数	作　用
-a	检测设备名称	-f	模拟设备损坏
-n	指定设备数量	-r	移除设备
-l	指定 RAID 级别	-Q	查看摘要信息
-C	创建	-D	查看详细信息
-v	显示过程	-S	停止 RAID 磁盘阵列

接下来，使用 mdadm 命令创建 RAID 10，名称为 "/dev/md0"。

单元 5 中讲到，udev 是 Linux 系统内核中用来给硬件命名的服务，其命名规则非常简单。可以通过命名规则猜测到第二个 SCSI 存储设备的名称是/dev/sdb，依此类推。

其中，–C 参数代表创建一个 RAID 阵列卡；–v 参数显示创建的过程，同时在后面追加一个设备名/dev/md0，这样/dev/md0 就是创建后的 RAID 磁盘阵列的名称；–a yes 参数代表自动创建设备文件；–n 4 参数代表使用 4 块硬盘部署该 RAID 磁盘阵列；–l 10 参数则代表 RAID 10 方案；最后再加上 4 块硬盘设备的名称。

```
[root@studylinux ~]# mdadm -Cv /dev/md0 -a yes -n 4 -l 10 /dev/sdb /dev/sdc /dev/sdd /dev/sde
mdadm: layout defaults to n2
mdadm: layout defaults to n2
mdadm: chunk size defaults to 512K
mdadm: size set to 20954624K
mdadm: Defaulting to version 1.2 metadata
mdadm: array /dev/md0 started.
```

其次，把制作好的 RAID 磁盘阵列格式化为 ext4 格式。

```
[root@studylinux ~]# mkfs.ext4 /dev/md0
mke2fs 1.42.9 (28-Dec-2013)
Filesystem label=
OS type: Linux
Block size=4096 (log=2)
Fragment size=4096 (log=2)
Stride=128 blocks, Stripe width=256 blocks
2621440 inodes, 10477312 blocks
523865 blocks (5.00%) reserved for the super user
First data block=0
Maximum filesystem blocks=2157969408
320 block groups
32768 blocks per group, 32768 fragments per group
8192 inodes per group
Superblock backups stored on blocks:
        32768, 98304, 163840, 229376, 294912, 819200, 884736, 1605632, 2654208,
        4096000, 7962624
Allocating group tables: done
Writing inode tables: done
Creating journal (32768 blocks): done
Writing superblocks and filesystem accounting information: done
```

创建挂载点然后把硬盘设备进行挂载操作。挂载成功后可看到可用空间为 40 GB。

```
[root@studylinux ~]# mkdir /RAID
[root@studylinux ~]# mount /dev/md0 /RAID
[root@studylinux ~]# df -h
Filesystem               Size   Used  Avail Use%  Mounted on
/dev/mapper/rhel-root    18G    3.0G  15G   17%   /
devtmpfs                 905M   0     905M  0%    /dev
tmpfs                    914M   84K   914M  1%    /dev/shm
tmpfs                    914M   8.9M  905M  1%    /run
tmpfs                    914M   0     914M  0%    /sys/fs/cgroup
/dev/sr0                 3.5G   3.5G  0     100%  /media/cdrom
/dev/sda1                497M   119M  379M  24%   /boot
/dev/md0                 40G    49M   38G   1%    /RAID
```

最后，查看/dev/md0 磁盘阵列的详细信息，并把挂载信息写入到配置文件中，使其永久生效。

```
[root@studylinux ~]# mdadm -D /dev/md0
/dev/md0:
        Version : 1.2
  Creation Time : Tue May 5 07:43:26 2017
     Raid Level : raid10
     Array Size : 41909248 (39.97 GiB 42.92 GB)
  Used Dev Size : 20954624 (19.98 GiB 21.46 GB)
   Raid Devices : 4
  Total Devices : 4
    Persistence : Superblock is persistent
    Update Time : Tue May 5 07:46:59 2017
          State : clean
 Active Devices : 4
Working Devices : 4
 Failed Devices : 0
  Spare Devices : 0
         Layout : near=2
     Chunk Size : 512K
           Name : localhost.localdomain:0 (local to host localhost.localdomain)
           UUID : cc9a87d4:1e89e175:5383e1e8:a78ec62c
         Events : 17
    Number   Major   Minor   RaidDevice   State
       0       8       16        0         active     sync/dev/sdb
       1       8       32        1         active     sync/dev/sdc
       2       8       48        2         active     sync/dev/sdd
       3       8       64        3         active     sync/dev/sde
[root@studylinux ~]# echo "/dev/md0 /RAID ext4 defaults 0 0" >> /etc/fstab
```

6.1.6 损坏磁盘阵列及修复

在确认有一块物理硬盘设备出现损坏而不能继续正常使用后，应该使用 mdadm 命令将其移除，然后查看 RAID 磁盘阵列的状态，可以发现状态已经改变。

```
[root@studylinux ~]# mdadm /dev/md0 -f /dev/sdb
mdadm: set /dev/sdb faulty in /dev/md0
[root@studylinux ~]# mdadm -D /dev/md0
/dev/md0:
        Version : 1.2
  Creation Time : Fri May 8 08:11:00 2017
```

```
       Raid Level : raid10
       Array Size : 41909248 (39.97 GiB 42.92 GB)
    Used Dev Size : 20954624 (19.98 GiB 21.46 GB)
     Raid Devices : 4
    Total Devices : 4
      Persistence : Superblock is persistent
      Update Time : Fri May 8 08:27:18 2017
            State : clean, degraded
   Active Devices : 3
  Working Devices : 3
   Failed Devices : 1
    Spare Devices : 0
           Layout : near=2
       Chunk Size : 512K
             Name : studylinux.com:0 (local to host studylinux.com)
             UUID : f2993bbd:99c1eb63:bd61d4d4:3f06c3b0
           Events : 21
    Number   Major   Minor   Raid   Device          State
       0       0       0       0                    removed
       1       8      32       1    active sync    /dev/sdc
       2       8      48       2    active sync    /dev/sdd
       3       8      64       3    active sync    /dev/sde
       0       8      16            faulty         /dev/sdb
```

在 RAID 10 级别的磁盘阵列中,当 RAID 1 磁盘阵列中存在一个故障盘时并不影响 RAID 10 磁盘阵列的使用。可使用 mdadm 命令替换新设备,在此期间可以在/RAID 目录中正常地创建或删除文件。由于是在虚拟机中虚拟硬盘,所以先重启系统,然后再把新的硬盘添加到 RAID 磁盘阵列中。

```
[root@studylinux ~]# umount /RAID
[root@studylinux ~]# mdadm /dev/md0 -a /dev/sdb
[root@studylinux ~]# mdadm -D /dev/md0
/dev/md0:
          Version : 1.2
    Creation Time : Mon Apr 30 00:08:56 2021
       Raid Level : raid10
       Array Size : 41909248 (39.97 GiB 42.92 GB)
    Used Dev Size : 20954624 (19.98 GiB 21.46 GB)
     Raid Devices : 4
    Total Devices : 4
      Persistence : Superblock is persistent
      Update Time : Mon Apr 30 00:19:18 2021
            State : clean
   Active Devices : 4
  Working Devices : 4
   Failed Devices : 0
    Spare Devices : 0
           Layout : near=2
       Chunk Size : 512K
             Name : localhost.localdomain:0 (local to host localhost.localdomain)
             UUID : d3491c05:cfc81ca0:32489f04:716a2cf0
           Events : 56
```

```
Number   Major   Minor   Raid   Device   State
   4       8      16      0     active   sync    /dev/sdb
   1       8      32      1     active   sync    /dev/sdc
   2       8      48      2     active   sync    /dev/sdd
   3       8      64      3     active   sync    /dev/sde
[root@studylinux ~]# mount -a
```

6.1.7 磁盘阵列+备份盘

RAID 10 磁盘阵列中最多允许 50%的硬盘设备发生故障，但是存在这样一种极端情况，即同一 RAID 1 磁盘阵列中的硬盘设备若全部损坏，也会导致数据丢失。换句话说，在 RAID 10 磁盘阵列中，如果 RAID 1 中的某一块硬盘出现了故障，恰巧该 RAID1 磁盘阵列中的另一块硬盘设备也出现故障，那么数据就被彻底丢失了。

在这样的情况下，该怎么办呢？其实，完全可以使用 RAID 备份盘技术预防这类事故。该技术的核心理念就是准备一块足够大的硬盘，这块硬盘平时处于闲置状态，一旦 RAID 磁盘阵列中有硬盘出现故障后则会马上自动顶替上去。

为了避免多个实验之间相互发生冲突，需要保证每个实验的相对独立性，将虚拟机还原到初始状态。部署 RAID 5 磁盘阵列时，至少需要用到 3 块硬盘，还需要再加一块备份硬盘，所以总计需要在虚拟机中模拟 4 块硬盘设备，如图 6-6 所示。

图 6-6 在虚拟机中模拟添加 4 块硬盘设备

创建一个 RAID 5 磁盘阵列+备份盘。在下面的命令中，参数-n 3 代表创建这个 RAID 5 磁盘阵列所需的硬盘数，参数-l 5 代表 RAID 的级别，而参数-x 1 则代表有一块备份盘。当查看/dev/md0（即 RAID 5 磁盘阵列的名称）磁盘阵列时就能看到有一块备份盘在等待中了。

```
[root@studylinux ~]# mdadm -Cv /dev/md0 -n 3 -l 5 -x 1 /dev/sdb /dev/sdc /dev/sdd /dev/sde
mdadm: layout defaults to left-symmetric
```

```
mdadm: layout defaults to left-symmetric
mdadm: chunk size defaults to 512K
mdadm: size set to 20954624K
mdadm: Defaulting to version 1.2 metadata
mdadm: array /dev/md0 started.
[root@studylinux ~]# mdadm -D /dev/md0
/dev/md0:
        Version : 1.2
  Creation Time : Fri May  8 09:20:35 2021
     Raid Level : raid5
     Array Size : 41909248 (39.97 GiB 42.92 GB)
  Used Dev Size : 20954624 (19.98 GiB 21.46 GB)
   Raid Devices : 3
  Total Devices : 4
    Persistence : Superblock is persistent

    Update Time : Fri May  8 09:22:22 2021
          State : clean
 Active Devices : 3
Working Devices : 4
 Failed Devices : 0
  Spare Devices : 1

         Layout : left-symmetric
     Chunk Size : 512K

           Name : studylinux.com:0  (local to host studylinux.com)
           UUID : 44b1a152:3f1809d3:1d234916:4ac70481
         Events : 18

    Number   Major   Minor   RaidDevice State
       0       8       16        0      active sync   /dev/sdb
       1       8       32        1      active sync   /dev/sdc
       4       8       48        2      active sync   /dev/sdd

       3       8       64        -      spare         /dev/sde
```

将部署好的 RAID 5 磁盘阵列格式化为 ext4 文件格式，挂载到目录上，就可以使用了。

```
[root@studylinux ~]# mkfs.ext4 /dev/md0
mke2fs 1.42.9 (28-Dec-2013)
Filesystem label=
OS type: Linux
Block size=4096 (log=2)
Fragment size=4096 (log=2)
Stride=128 blocks, Stripe width=256 blocks
2621440 inodes, 10477312 blocks
523865 blocks (5.00%) reserved for the super user
First data block=0
Maximum filesystem blocks=2157969408
320 block groups
32768 blocks per group, 32768 fragments per group
8192 inodes per group
Superblock backups stored on blocks:
        32768, 98304, 163840, 229376, 294912, 819200, 884736, 1605632, 2654208,
        4096000, 7962624
```

```
Allocating group tables: done
Writing inode tables: done
Creating journal (32768 blocks): done
Writing superblocks and filesystem accounting information: done
[root@studylinux ~]# echo "/dev/md0 /RAID ext4 defaults 0 0" >> /etc/fstab
[root@studylinux ~]# mkdir /RAID
[root@studylinux ~]# mount -a
```

再次把硬盘设备/dev/sdb 移出磁盘阵列，迅速查看/dev/md0 磁盘阵列的状态，就会发现备份盘已经被自动顶替上去并开始了数据同步。RAID 中的这种备份盘技术非常实用，可以在保证 RAID 磁盘阵列数据安全性的基础上进一步提高数据可靠性，所以，资金允许时建议再买一块备份盘以防万一。

```
[root@studylinux ~]# mdadm /dev/md0 -f /dev/sdb
mdadm: set /dev/sdb faulty in /dev/md0
[root@studylinux ~]# mdadm -D /dev/md0
/dev/md0:
Version : 1.2
Creation Time : Fri May 8 09:20:35 2021
Raid Level : raid5
Array Size : 41909248 (39.97 GiB 42.92 GB)
Used Dev Size : 20954624 (19.98 GiB 21.46 GB)
Raid Devices : 3
Total Devices : 4
Persistence : Superblock is persistent
Update Time : Fri May 8 09:23:51 2017
State : active, degraded, recovering
Active Devices : 2
Working Devices : 3
Failed Devices : 1
Spare Devices : 1
Layout : left-symmetric
Chunk Size : 512K
Rebuild Status : 0% complete
Name : studylinux.com:0 (local to host studylinuxe.com)
UUID : 44b1a152:3f1809d3:1d234916:4ac70481
Events : 21
Number Major Minor RaidDevice State
3       8     64    0          spare    rebuilding   /dev/sde
1       8     32    1          active   sync         /dev/sdc
4       8     48    2          active   sync         /dev/sdd
0       8     16    -          faulty                /dev/sdb
```

6.2 LVM（逻辑卷管理器）

虽然，硬盘设备管理技术能够有效地提高硬盘设备的读写速度以及数据的安全性，但是在硬盘分好区或者部署为 RAID 磁盘阵列之后，再想修改硬盘分区大小就不容易了。换句话说，当用户想要随着实际需求的变化调整硬盘分区的大小时，会受到硬盘"灵活性"的限制。这时就需要用到另外一项非常普及的硬盘设备资源管理技术了——LVM（逻辑卷管理器）。LVM 允许用户对硬盘资源进行动态调整。

　　逻辑卷管理器是 Linux 系统用于对硬盘分区进行管理的一种机制，理论性较强，其创建初衷是为了解决硬盘设备在创建分区后不易修改分区大小的缺陷。从理论上讲，对传统的硬盘分区进行强制扩容或缩容是可行的，但是却可能造成数据的丢失。LVM 技术是在硬盘分区和文件系统之间添加一个逻辑层，它提供了一个抽象的卷组，可以把多块硬盘进行卷组合并。这样一来，用户不必关心物理硬盘设备的底层架构和布局，就可以实现对硬盘分区的动态调整。LVM 的技术架构如图 6-7 所示。

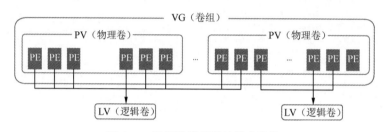

图 6-7　逻辑卷管理器的技术结构

　　物理卷处于 LVM 的最底层，可以将其理解为物理硬盘、硬盘分区或者 RAID 磁盘阵列。卷组建立在物理卷之上，一个卷组可以包含多个物理卷，而且在卷组创建之后也可以继续向其中添加新的物理卷。逻辑卷是使用卷组中空闲的资源建立的，并且逻辑卷在建立后可以动态地扩展或缩小空间。这就是 LVM 的核心理念。

6.2.1　部署逻辑卷

　　通常，在生产环境中无法精确地评估每个硬盘分区在后期的使用情况，因此会导致原先分配的硬盘分区不够用。比如，随着业务量的增加，用于存放交易记录的数据库目录的体积也随之增加；因为分析并记录用户的行为从而导致日志目录的体积不断变大，这些都会导致原有硬盘分区在使用上捉襟见肘。此外，还存在对较大硬盘分区进行精简缩容的情况。

　　使用 LVM 技术可以解决上述问题。部署 LVM 时，需要逐个配置物理卷、卷组和逻辑卷。常用的部署命令见表 6-2。

表 6-2　常用的 LVM 部署命令

功能/命令	物理卷管理	卷组管理	逻辑卷管理
扫描	pvscan	vgscan	lvscan
建立	pvcreate	vgcreate	lvcreate
显示	pvdisplay	vgdisplay	lvdisplay
删除	pvremove	vgremove	lvremove
扩展		vgextend	lvextend
缩小		vgreduce	lvreduce

　　在虚拟机中添加两块新硬盘设备，然后开机，如图 6-8 所示。

图 6-8 在虚拟机中添加两块新的硬盘设备

首先,对这两块新硬盘进行创建物理卷的操作,将该操作理解为使硬盘设备支持 LVM 技术,或者理解成是把硬盘设备加入到 LVM 技术可用的硬件资源池中;然后,对这两块硬盘进行卷组合并,卷组的名称可以由用户自定义。接下来,根据需求把合并后的卷组切割出一个约为 150 MB 的逻辑卷设备,最后把这个逻辑卷设备格式化成 EXT4 文件系统后挂载使用。

第 1 步:使新添加的两块硬盘设备支持 LVM 技术。

```
[root@studylinux ~]# pvcreate /dev/sdb /dev/sdc
 Physical volume "/dev/sdb" successfully created
 Physical volume "/dev/sdc" successfully created
```

第 2 步:把两块硬盘设备加入到 storage 卷组中,然后查看卷组的状态。

```
[root@studylinux ~]# vgcreate storage /dev/sdb /dev/sdc
 Volume group "storage" successfully created
[root@studylinux ~]# vgdisplay
 --- Volume group ---
 VG Name               storage
 System ID
 Format                lvm2
 Metadata Areas        2
 Metadata Sequence No  1
 VG Access             read/write
 VG Status             resizable
 MAX LV                0
 Cur LV                0
 Open LV               0
 Max PV                0
 Cur PV                2
 Act PV                2
 VG Size               39.99 GiB
 PE Size               4.00 MiB
```

```
  Total PE 10238
  Alloc PE / Size 0 / 0  Free PE / Size 10238 / 39.99 GiB
  VG UUID KUeAMF-qMLh-XjQy-ArUo-LCQI-YF0o-pScxm1
…………省略部分输出信息…………
```

第 3 步：切割出一个约为 150 MB 的逻辑卷设备。

在对逻辑卷进行切割时有两种计量单位。第一种是以容量为单位，所使用的参数为 –L。例如，使用 –L 150M 生成一个大小为 150 MB 的逻辑卷。另外一种是以基本单元的个数为单位，所使用的参数为 –l。每个基本单元的大小默认为 4 MB。例如，使用 –l 37 可以生成一个大小为 37 × 4 MB=148 MB 的逻辑卷。

```
[root@studylinux ~]# lvcreate -n vo -l 37 storage
 Logical volume "vo" created
[root@studylinux ~]# lvdisplay
 --- Logical volume ---
 LV Path /dev/storage/vo
 LV Name vo
 VG Name storage
 LV UUID D09HYI-BHBl-iXGr-X2n4-HEzo-FAQH-HRcM2I
 LV Write Access read/write
 LV Creation host, time localhost.localdomain, 2017-02-01 01:22:54 -0500
 LV Status available
 # open 0
 LV Size 148.00 MiB
 Current LE 37
 Segments 1
 Allocation inherit
 Read ahead sectors auto
 - currently set to 8192
 Block device 253:2
…………省略部分输出信息…………
```

第 4 步：格式化生成好的逻辑卷，然后挂载使用。

Linux 系统以符号链接的形式把 LVM 中的逻辑卷设备存放在 /dev 设备目录中，同时以卷组的名称建立一个目录，其中保存了逻辑卷的设备映射文件（即 /dev/卷组名称/逻辑卷名称）。

```
[root@studylinux ~]# mkfs.ext4 /dev/storage/vo
mke2fs 1.42.9 (28-Dec-2013)
Filesystem label=
OS type: Linux
Block size=1024 (log=0)
Fragment size=1024 (log=0)
Stride=0 blocks, Stripe width=0 blocks
38000 inodes, 151552 blocks
7577 blocks (5.00%) reserved for the super user
First data block=1
Maximum filesystem blocks=33816576
19 block groups
8192 blocks per group, 8192 fragments per group
2000 inodes per group
Superblock backups stored on blocks:
```

```
    8193, 24577, 40961, 57345, 73729
Allocating group tables: done
Writing inode tables: done
Creating journal (4096 blocks): done
Writing superblocks and filesystem accounting information: done
[root@studylinux ~]# mkdir /linux
[root@studylinux ~]# mount /dev/storage/vo /linux
```

第 5 步：查看挂载状态，并写入到配置文件，使其永久生效。

```
[root@studylinux ~]# df -h
Filesystem Size Used Avail Use% Mounted on
/dev/mapper/rhel-root 18G 3.0G 15G 17% /
devtmpfs 905M 0 905M 0% /dev
tmpfs 914M 140K 914M 1% /dev/shm
tmpfs 914M 8.8M 905M 1% /run
tmpfs 914M 0 914M 0% /sys/fs/cgroup
/dev/sr0 3.5G 3.5G 0 100% /media/cdrom
/dev/sda1 497M 119M 379M 24% /boot
/dev/mapper/storage-vo 145M 7.6M 138M 6% /linux
[root@studylinux ~]# echo "/dev/storage/vo /linux ext4 defaults 0 0" >> /etc/fstab
```

6.2.2 扩容逻辑卷

在上一个实验中，卷组是由两块硬盘设备共同组成的。用户在使用存储设备时感知不到设备底层的架构和布局，无须关心底层是由多少块硬盘组成的，只要卷组中有足够的资源，就可以一直为逻辑卷扩容。扩展前首先要卸载设备和挂载点的关联。

```
[root@studylinux ~]# umount /linux
```

第 1 步：把上一个实验中的逻辑卷 vo 扩展至 290 MB。

```
[root@studylinux ~]# lvextend -L 290M /dev/storage/vo
  Rounding size to boundary between physical extents: 292.00 MiB
  Extending logical volume vo to 292.00 MiB
  Logical volume vo successfully resized
```

第 2 步：检查硬盘完整性，并重置硬盘容量。

```
[root@studylinux ~]# e2fsck -f /dev/storage/vo
e2fsck 1.42.9 (28-Dec-2013)
Pass 1: Checking inodes, blocks, and sizes
Pass 2: Checking directory structure
Pass 3: Checking directory connectivity
Pass 4: Checking reference counts
Pass 5: Checking group summary information
/dev/storage/vo: 11/38000 files (0.0% non-contiguous), 10453/151552 blocks
[root@studylinux ~]# resize2fs /dev/storage/vo
resize2fs 1.42.9 (28-Dec-2013)
Resizing the filesystem on /dev/storage/vo to 299008 (1k) blocks.
The filesystem on /dev/storage/vo is now 299008 blocks long.
```

第 3 步：重新挂载硬盘设备并查看挂载状态。

```
[root@studylinux ~]# mount -a
[root@studylinux ~]# df -h
```

```
Filesystem                  Size    Used    Avail   Use%    Mounted on
/dev/mapper/rhel-root       18G     3.0G    15G     17%     /
devtmpfs                    985M    0       985M    0%      /dev
tmpfs                       994M    80K     994M    1%      /dev/shm
tmpfs                       994M    8.8M    986M    1%      /run
tmpfs                       994M    0       994M    0%      /sys/fs/cgroup
/dev/sr0                    3.5G    3.5G    0       100%    /media/cdrom
/dev/sda1                   497M    119M    379M    24%     /boot
/dev/mapper/storage-vo      279M    2.1M    259M    1%      /linux
```

6.2.3 缩小逻辑卷

在对逻辑卷进行缩容操作时，数据丢失的风险更大。因此，在生产环境中执行相应操作时，一定要提前备份好数据。Linux 系统规定，在对 LVM 逻辑卷进行缩容操作之前，要先检查文件系统的完整性。在执行缩容操作前先把文件系统卸载掉。

```
[root@studylinux ~]# umount /linux
```

第 1 步：检查文件系统的完整性。

```
[root@studylinux ~]# e2fsck -f /dev/storage/vo
e2fsck 1.42.9 (28-Dec-2013)
Pass 1: Checking inodes, blocks, and sizes
Pass 2: Checking directory structure
Pass 3: Checking directory connectivity
Pass 4: Checking reference counts
Pass 5: Checking group summary information
/dev/storage/vo: 11/74000 files (0.0% non-contiguous), 15507/299008 blocks
```

第 2 步：把逻辑卷 vo 的容量减小到 120 MB。

```
[root@studylinux ~]# resize2fs /dev/storage/vo 120M
resize2fs 1.42.9 (28-Dec-2013)
Resizing the filesystem on /dev/storage/vo to 122880 (1k) blocks.
The filesystem on /dev/storage/vo is now 122880 blocks long.
[root@studylinux ~]# lvreduce -L 120M /dev/storage/vo
  WARNING: Reducing active logical volume to 120.00 MiB
  THIS MAY DESTROY YOUR DATA (filesystem etc.)
Do you really want to reduce vo? [y/n]: y
  Reducing logical volume vo to 120.00 MiB
  Logical volume vo successfully resized
```

第 3 步：重新挂载文件系统并查看系统状态。

```
[root@studylinux ~]# mount -a
[root@studylinux ~]# df -h
Filesystem                  Size    Used    Avail   Use%    Mounted on
/dev/mapper/rhel-root       18G     3.0G    15G     17%     /
devtmpfs                    985M    0       985M    0%      /dev
tmpfs                       994M    80K     994M    1%      /dev/shm
tmpfs                       994M    8.8M    986M    1%      /run
tmpfs                       994M    0       994M    0%      /sys/fs/cgroup
/dev/sr0                    3.5G    3.5G    0       100%    /media/cdrom
/dev/sda1                   497M    119M    379M    24%     /boot
/dev/mapper/storage-vo      113M    1.6M    103M    2%      /linux
```

6.2.4 逻辑卷快照

LVM 具有"快照卷"功能，该功能类似于虚拟机软件的还原时间点功能。例如，可以对某一个逻辑卷设备做一次快照，如果之后发现数据被改错了，就可以利用此前做好的快照卷进行覆盖还原。LVM 的快照卷功能有两个特点：

> 快照卷的容量必须等同于逻辑卷的容量；
> 快照卷仅一次有效，一旦执行还原操作后则会被立即自动删除。

首先查看卷组的信息。

```
[root@studylinux ~]# vgdisplay
  --- Volume group ---
  VG Name               storage
  System ID
  Format                lvm2
  Metadata Areas        2
  Metadata Sequence No  4
  VG Access             read/write
  VG Status             resizable
  MAX LV                0
  Cur LV                1
  Open LV               1
  Max PV                0
  Cur PV                2
  Act PV                2
  VG Size               39.99 GiB
  PE Size               4.00 MiB
  Total PE              10238
  Alloc PE / Size       30 / 120.00 MiB Free PE / Size 10208 / 39.88 GiB
  VG UUID               CTaHAK-0TQv-Abdb-R83O-RU6V-YYkx-8o2R0e
…………………省略部分输出信息……………
```

通过卷组的输出信息可以清晰看到，卷组中已经使用了 120 MB 的容量，空闲容量还有 39.88 GB。接下来用重定向往逻辑卷设备所挂载的目录中写入一个文件。

```
[root@studylinux ~]# echo "Welcome to Linux.com" > /linux/readme.txt
[root@studylinux ~]# ls -l /linux
total 14
drwx------. 2 root root 12288 Feb  1 07:18 lost+found
-rw-r--r--. 1 root root    26 Feb  1 07:38 readme.txt
```

第 1 步：使用-s 参数生成一个快照卷，使用-L 参数指定切割的大小。在命令后面写上是针对哪个逻辑卷执行的快照操作。

```
[root@studylinux ~]#  lvcreate -L 120M -s -n SNAP /dev/storage/vo
  Logical volume "SNAP" created
[root@studylinux ~]# lvdisplay
  --- Logical volume ---
  LV Path                /dev/storage/SNAP
  LV Name                SNAP
  VG Name                storage
  LV UUID                BC7WKg-fHoK-Pc7J-yhSd-vD7d-lUnl-TihKlt
  LV Write Access        read/write
```

```
LV Creation host, time localhost.localdomain, 2017-02-01 07:42:31 -0500
LV snapshot status     active destination for vo
LV Status              available
# open                 0
LV Size                120.00 MiB
Current LE             30
COW-table size         120.00 MiB
COW-table LE           30
Allocated to snapshot  0.01%
Snapshot chunk size    4.00 KiB
Segments               1
Allocation             inherit
Read ahead sectors     auto
- currently set to     8192
Block device           253:3
................省略部分输出信息................
```

第 2 步：在逻辑卷所挂载的目录中创建一个 100 MB 的垃圾文件，然后再查看快照卷的状态。可以发现存储空间占的用量上升了。

```
[root@studylinux ~]# dd if=/dev/zero of=/linux/files count=1 bs=100M
1+0 records in
1+0 records out
104857600 bytes (105 MB) copied, 3.35432 s, 31.3 MB/s
[root@studylinux ~]# lvdisplay
  --- Logical volume ---
  LV Path                /dev/storage/SNAP
  LV Name                SNAP
  VG Name                storage
  LV UUID                BC7WKg-fHoK-Pc7J-yhSd-vD7d-lUnl-TihKlt
  LV Write Access        read/write
  LV Creation host, time localhost.localdomain, 2017-02-01 07:42:31 -0500
  LV snapshot status     active destination for vo
  LV Status              available
  # open                 0
  LV Size                120.00 MiB
  Current LE             30
  COW-table size         120.00 MiB
  COW-table LE           30
  Allocated to snapshot  83.71%
  Snapshot chunk size    4.00 KiB
  Segments               1
  Allocation             inherit
  Read ahead sectors     auto
  - currently set to     8192
  Block device           253:3
```

第 3 步：为了校验 SNAP 快照卷的效果，需要对逻辑卷进行快照还原操作。在此之前先卸载掉逻辑卷设备与目录的挂载。

```
[root@studylinux ~]# umount /linux
[root@studylinux ~]# lvconvert --merge /dev/storage/SNAP
```

```
Merging of volume SNAP started.
  vo: Merged: 21.4%
  vo: Merged: 100.0%
Merge of snapshot into logical volume vo has finished.
Logical volume "SNAP" successfully removed
```

第 4 步：快照卷会被自动删除掉，并且刚刚在逻辑卷设备被执行快照操作后再创建出来的 100 MB 的垃圾文件也被清除了。

```
[root@studylinux ~]# mount -a
[root@studylinux ~]# ls /linux/
lost+found readme.txt
```

6.2.5 删除逻辑卷

在生产环境中想要重新部署 LVM 或者不再需要使用 LVM 时，则需要执行 LVM 的删除操作。为此，需要提前备份好重要的数据信息，然后依次删除逻辑卷、卷组、物理卷设备，这个顺序不可颠倒。

第 1 步：取消逻辑卷与目录的挂载关联，删除配置文件中永久生效的设备参数。

```
[root@studylinux ~]# umount /linux
[root@studylinux ~]# vim /etc/fstab
#
# /etc/fstab
# Created by anaconda on Fri Feb 19 22:08:59 2017
#
# Accessible filesystems, by reference, are maintained under '/dev/disk'
# See man pages fstab(5), findfs(8), mount(8) and/or blkid(8) for more info
#
/dev/mapper/rhel-root                         /            xfs      defaults   1 1
UUID=50591e35-d47a-4aeb-a0ca-1b4e8336d9b1     /boot        xfs      defaults   1 2
/dev/mapper                                   /rhel-swap   swap swap defaults  0 0
/dev/cdrom                                    /media/cdrom iso9660  defaults   0 0
```

第 2 步：删除逻辑卷设备，需要输入 y 确认操作。

```
[root@studylinux ~]# lvremove /dev/storage/vo
Do you really want to remove active logical volume vo? [y/n]: y
  Logical volume "vo" successfully removed
```

第 3 步：删除卷组，此处只写卷组名称即可，不需要设备的绝对路径。

```
[root@studylinux ~]# vgremove storage
  Volume group "storage" successfully removed
```

第 4 步：删除物理卷设备。

```
[root@studylinux ~]# pvremove /dev/sdb /dev/sdc
  Labels on physical volume "/dev/sdb" successfully wiped
  Labels on physical volume "/dev/sdc" successfully wiped
```

在上述操作执行完毕之后，再执行 lvdisplay、vgdisplay、pvdisplay 命令查看 LVM 的信息时就不会再看到信息了。

单 元 实 训

【实训目的】

➢ 掌握 Linux 系统中利用 RAID 技术实现磁盘阵列的管理方法；
➢ 掌握创建 LVM 分区类型的方法；
➢ 掌握 LVM 逻辑卷管理的方法。

【实训内容】

（1）某企业为了保护重要数据，购买了四块统一厂家的 SCSI 硬盘。要求在这四块硬盘上创建 RAID 5 卷，以实现磁盘容错。

（2）企业在 Linux 系统中新增了一块硬盘 sdb，要求 Linux 的分区能够自动调节磁盘容量。具体操作需要使用 fdisk 命令，在 sdb 磁盘上新建四个分区，分别是 sdb1、sdb2、sdb3、sdb4，并将这些分区设置为 LVM 类型。然后建立 LVM 的物理卷、卷组和逻辑卷，最后将逻辑卷挂载使用。

单 元 习 题

一、填空题

1. 1988 年，加利福尼亚大学伯克利分校首次提出并定义了 RAID（Redundant Array of Inexpensive Disks）中文全称是_____技术的概念。RAID 技术通过把_____硬盘设备组合成一个容量更大、安全性更好的磁盘_____，并把数据切割成多个区段后分别存放在各个不同的物理硬盘设备上，然后利用分散读写技术提升磁盘阵列整体的_____，同时把多个重要数据的副本同步到不同的物理硬盘设备上，从而起到了非常好的数据_____备份效果。

2. RAID 可以分为_____和_____，软 RAID 通过软件实现多块硬盘的_____。

3. LVM（logical Volume Manager）的中文全称是_____，最早应用在 IBM AIX 系统上，它的主要作用是_____及调整磁盘分区大小，并且可以让多个分区或者物理硬盘作为_____来使用。

4. 8 个 300 GB 的硬盘做 RAID 5 的容量空间为_____。（1+X）

二、实操题

使用提供的虚拟机，该虚拟机存在一块大小为 20 GB 的磁盘/dev/vdb，使用 fdisk 命令对该硬盘进行分区，要求分出三个大小为 5 GB 的分区。使用这三个分区，创建名为/dev/md5、raid 级别为 5 的磁盘阵列。创建完成后使用 xfs 文件系统进行格式化，并挂载到/mnt 目录下。使用 mdadm -D /dev/md5 命令返回结果；使用 df -h 命令查看结果。

单元 7　使用 ssh 服务管理远程主机

单元导读

本章深入介绍了 SSH 协议与 sshd 服务程序的理论知识、Linux 系统的远程管理方法以及在系统中配置服务程序的方法，并采用实验的形式演示了使用基于密码验证的 sshd 服务程序进行远程登录，以及使用 screen 服务程序远程管理 Linux 系统的不间断会话等技术。掌握本章的内容之后，也就完全具备了对 Linux 系统进行配置管理的知识。

学习目标

> 掌握 ssh 服务的配置；
> 掌握远程控制服务。

7.1 配置 ssh 服务

SSH（Secure Shell）是一种能够以安全的方式提供远程登录的协议，也是目前远程管理 Linux 系统的首选方式。此前，一般使用 FTP 或 Telnet 进行远程登录，二者均以明文的形式在网络中传输账户密码和数据信息，非常不安全，容易受到黑客发起的中间人攻击，轻则被篡改传输的数据信息，重则被直接抓取服务器的账户密码。

要使用 SSH 协议远程管理 Linux 系统，需要部署配置 sshd 服务程序。sshd 是基于 SSH 协议开发的一款远程管理服务程序，使用方便快捷，并且能够提供两种安全验证的方法：

> 基于口令的验证：用账户和密码验证登录；
> 基于密钥的验证：需要在本地生成密钥对，然后把密钥对中的公钥上传至服务器，并与服务器中的公钥进行比较；该方式相对来说更安全。

"Linux 系统中的一切都是文件"，因此在 Linux 系统中修改服务程序的运行参数，实际上就是修改程序配置文件的过程。ssh 服务的配置信息保存在/etc/ssh/sshd_config 文件中。一般而言，保存最主要配置信息的文件称为主配置文件，在配置文件中有许多以 "#" 号开头的注释行，要想让这些配置参数生效，需要去掉前面的 "#" 号。ssh 服务配置文件中包含的重要参数及作用见表 7-1。

表 7-1　ssh 服务配置文件中包含的参数及作用

参数	作用
Port 22	默认的 ssh 服务端口号
ListenAddress 0.0.0.0	设定 ssh 服务器监听的 IP 地址
Protocol 2	SSH 协议的版本号

续表

参 数	作 用
HostKey /etc/ssh/ssh_host_key	SSH 协议版本为 1 时，DES 私钥存放的位置
HostKey /etc/ssh/ssh_host_rsa_key	SSH 协议版本为 2 时，RSA 私钥存放的位置
HostKey /etc/ssh/ssh_host_dsa_key	SSH 协议版本为 2 时，DSA 私钥存放的位置
PermitRootLogin yes	设定是否允许 root 管理员直接登录
StrictModes yes	当远程用户的私钥改变时直接拒绝连接
MaxAuthTries 6	最大密码尝试次数
MaxSessions 10	最大终端数
PasswordAuthentication yes	是否允许密码验证
PermitEmptyPasswords no	是否允许空密码登录（很不安全）

在 RHEL 7 系统中，默认安装并启用了 sshd 服务程序。

使用 ssh 命令进行远程连接，命令格式为：

ssh [参数] 主机IP地址

退出登录则执行 exit 命令。

```
[root@studylinux ~]# ssh 192.168.10.10
The authenticity of host '192.168.10.20 (192.168.10.10)' can't be established.
ECDSA key fingerprint is 4f:a7:91:9e:8d:6f:b9:48:02:32:61:95:48:ed:1e:3f.
Are you sure you want to continue connecting (yes/no)? yes
Warning: Permanently added '192.168.10.10' (ECDSA) to the list of known hosts.
root@192.168.10.20's password:此处输入远程主机root管理员的密码
Last login: Wed Apr 15 15:54:21 2017 from 192.168.10.10
[root@studylinux ~]#
[root@studylinux ~]# exit
logout
Connection to 192.168.10.10 closed.
```

若要降低被黑客暴力破解密码的概率，则禁止以 root 管理员身份远程登录到服务器。使用 Vim 文本编辑器修改 ssh 服务的主配置文件，把第 48 行#PermitRootLogin yes 中的参数 yes 改为 no，并把行前的"#"号去掉，不再允许 root 管理员远程登录。保存文件并退出。

```
[root@studylinux ~]# vim /etc/ssh/sshd_config
…………省略部分输出信息…………
46
47 #LoginGraceTime 2m
48 PermitRootLogin no
49 #StrictModes yes
50 #MaxAuthTries 6
51 #MaxSessions 10
52
…………省略部分输出信息…………
```

一般的服务程序并不会在配置文件修改之后立即获得最新的参数，需要手动重启相应的服务程序。最好将这个服务程序加入到开机启动项中，系统在下一次启动时，该服务程序便会自动运行，继续为用户提供服务。

```
[root@studylinux ~]# systemctl restart sshd
```

```
[root@studylinux ~]# systemctl enable sshd
```
当root管理员再次尝试访问sshd服务程序时，系统提示错误信息：不可访问。
```
[root@studylinux ~]# ssh 192.168.10.10
root@192.168.10.10's password:此处输入远程主机root管理员的密码
Permission denied, please try again.
```

7.2 安全密钥验证

加密是对信息进行编码和解码的技术，通过一定的算法（密钥）将原本可以直接阅读的明文信息转换成密文形式。密钥即是密文的钥匙，有私钥和公钥之分。在传输数据时，如果担心被他人监听或截获，可以在传输前先使用公钥对数据加密处理，然后再行传送。只有掌握私钥的用户才能解密这段数据，其他人即便截获了数据，一般也很难将其破译为明文信息。

在生产环境中使用密码进行口令验证终归存在着被暴力破解或嗅探截获的风险。如果正确配置了密钥验证方式，sshd服务程序将更加安全。

第1步：在客户端主机中生成"密钥对"。
```
[root@studylinux ~]# ssh-keygen
Generating public/private rsa key pair.
Enter file in which to save the key (/root/.ssh/id_rsa):按【Enter】键或设置密钥的存储路径
Created directory '/root/.ssh'.
Enter passphrase (empty for no passphrase):按【Enter】键或设置密钥的密码
Enter same passphrase again:按【Enter】键或输入上一步配置的密码
Your identification has been saved in /root/.ssh/id_rsa.
Your public key has been saved in /root/.ssh/id_rsa.pub.
The key fingerprint is:
40:32:48:18:e4:ac:c0:c3:c1:ba:7c:6c:3a:a8:b5:22 root@linux.com
The key's randomart image is:
+--[ RSA 2048]----+
|+*..o .          |
|*.o +            |
|o*   .           |
|+ .   .          |
|o..   S          |
|.. +             |
|. =              |
|E+ .             |
|+.o              |
+-----------------+
```
第2步：传送客户端主机中生成的公钥文件至远程主机：
```
[root@studylinux ~]# ssh-copy-id 192.168.10.10
The authenticity of host '192.168.10.20 (192.168.10.10)' can't be established.
ECDSA key fingerprint is 4f:a7:91:9e:8d:6f:b9:48:02:32:61:95:48:ed:1e:3f.
Are you sure you want to continue connecting (yes/no)? yes
/usr/bin/ssh-copy-id: INFO: attempting to log in with the new key(s), to filter out any that are already installed
/usr/bin/ssh-copy-id: INFO: 1 key(s) remain to be installed -- if you are
```

```
prompted now it is to install the new keys
root@192.168.10.10's password:此处输入远程服务器密码
Number of key(s) added: 1
Now try logging into the machine, with: "ssh '192.168.10.10'"
and check to make sure that only the key(s) you wanted were added.
```

第 3 步：修改服务器配置文件，只允许密钥验证，拒绝传统的口令验证方式。保存配置文件并重启 sshd 服务程序。

```
[root@studylinux ~]# vim /etc/ssh/sshd_config
………………省略部分输出信息………………
74
75 # To disable tunneled clear text passwords, change to no here!
76 #PasswordAuthentication yes
77 #PermitEmptyPasswords no
78 PasswordAuthentication no
79
………………省略部分输出信息………………
[root@studylinux ~]# systemctl restart sshd
```

第 4 步：尝试从客户端登录服务器，此时无须输入密码也可成功登录。

```
[root@studylinux ~]# ssh 192.168.10.10
Last login: Mon Apr 13 19:34:13 2017
```

7.3 远程传输命令

scp（secure copy）是基于 SSH 协议，在网络之间进行安全传输的命令，命令格式为：

scp [参数] 本地文件 远程账户@远程 IP 地址:远程目录

scp 不仅能够通过网络传送数据，并且所有数据都将进行加密处理。例如，如果想把一些文件通过网络从一台主机传递到其他主机，这两台主机又恰巧是 Linux 系统，此时使用 scp 命令即可轻松完成文件传递。scp 命令中可用的参数及作用见表 7-2。

表 7-2 scp 命令中可用的参数及作用

参 数	作 用
-v	显示详细的连接进度
-P	指定远程主机的 ssh 服务端口号
-r	用于传送文件夹
-6	使用 IPv6 协议

在使用 scp 命令把文件从本地复制到远程主机时，需要以绝对路径的形式明确本地文件的存放位置。如果要传送整个文件夹内的所有数据，需要使用参数-r 进行递归操作。写上要传送到的远程主机的 IP 地址，远程服务器要求进行身份验证。当前用户名称为 root，而密码则为远程服务器的密码。如果想使用指定用户的身份进行验证，可使用"用户名@主机地址"的参数格式。最后在远程主机的 IP 地址后面添加冒号，并指定要传送到远程主机的哪个目录中。只要参数正确并且成功验证了用户身份，即可开始传送工作。由于 scp 命令是基于 SSH 协议进行文件传送的，而之前设置了密钥验证，因此在传输文件时，并不需要账户和密码。

```
[root@studylinux ~]# echo "Welcome to my Website" > readme.txt
[root@studylinux ~]# scp /root/readme.txt 192.168.10.20:/home
```

```
root@192.168.10.20's password:此处输入远程服务器中root管理员的密码
readme.txt 100% 26 0.0KB/s 00:00
```

使用 scp 命令把远程主机上的文件下载到本地主机，命令格式为：

scp [参数] 远程用户@远程 IP 地址:远程文件 本地目录

例如，可以把远程主机的系统版本信息文件下载过来。

```
[root@studylinux ~]# scp 192.168.10.20:/etc/redhat-release /root
root@192.168.10.20's password:此处输入远程服务器中root管理员的密码
redhat-release 100% 52 0.1KB/s 00:00
[root@studylinux ~]# cat redhat-release
Red Hat Enterprise Linux Server release 7.0 (Maipo)
```

单 元 实 训

【实训目的】

➢ 掌握 ssh 服务及应用。

【实训内容】

（1）某企业新增了 Linux 服务器，但还没有配置 TCP/IP 网络参数，请设置好各类网络参数，并连通网络。

网络参数如下：

IP 地址：192.168.10.110

子网掩码：255.255.255.0

网关：192.168.10.2

（2）使用 IP 地址为 192.168.10.10 通过 ssh 服务访问远程主机 192.168.10.110，使用证书登录，不需要输入远程主机的用户名和密码。

单 元 习 题

一、填空题

1. _____是一种能够以安全的方式提供远程登录的协议，也是目前_____Linux 系统的首选方式。

2. _____是基于 SSH 协议开发的一款远程管理服务程序，不仅使用起来方便快捷，而且能够提供两种验证方法：_____和_____，其中_____方式相对来说更安全。

3. scp（secure copy）是一个基于_____协议在网络之间进行安全传输的命令，其格式为：_____。

二、简答题

1. ssh 服务的口令验证与密钥验证方式，哪个更安全？

2. 想要把本地文件/home/mytext.txt 传送到地址为 192.168.10.20 的远程主机的/home 目录下，且本地主机与远程主机均为 Linux 系统，最为简便的传送方式是什么？

单元 8　使用 Samba、NFS 实现文件共享

单元导读

同一局域网中通常存在多种不同的操作系统，如 Windows、Linux 等，要实现不同操作系统之间的文件和打印机共享，可通过架设 Samba 服务器、NFS 服务器来实现。本单元主要介绍 Samba 服务器和 NFS 服务器的功能、安装和启动及配置方法。

学习目标

> 了解 Samba 服务、NFS 服务的功能；
> 掌握 Samba 服务器、NFS 服务器的安装、启动；
> 掌握 Samba 服务器、NFS 服务器的配置，实现文件和打印机共享。

8.1　Samba 文件共享服务

1987 年，微软公司和英特尔公司共同制定了 SMB（Server Messages Block，服务器消息块）协议，旨在解决局域网内的文件或打印机等资源的共享问题，这使得在多个主机之间共享文件变得越来越简单。1991 年，还在读大学的 Tridgwell 为了解决 Linux 系统与 Windows 系统之间的文件共享问题，基于 SMB 协议开发出了 SMBServer 服务程序。这是一款开源的文件共享软件，经过简单配置就能够实现 Linux 系统与 Windows 系统之间的文件共享工作。Tridgwell 想把这款软件的名字 SMBServer 注册成为商标，却被商标局以 SMB 是没有意义的字符而拒绝了申请。Tridgwell 便使用了拉丁舞蹈 Samba 这个热情洋溢的名字，于是 Samba 服务程序由此诞生。Samba 服务程序现在已经成为在 Linux 系统与 Windows 系统之间共享文件的最佳选择。图 8-1 所示为 Samba 服务程序的 Logo。

图 8-1　Samba 服务程序的 logo

配置 Samba 服务程序时，需要首先通过 Yum 软件仓库安装 Samba 服务程序。

```
[root@studylinux ~ ]# yum install samba
Loaded plugins: langpacks, product-id, subscription-manager
………………省略部分输出信息……………
Installing:
 samba    x86_64    4.1.1-31.el7    rhel    527 k
Transaction Summary
=====================================================================
Install 1 Package
Total download size: 527 k
Installed size: 1.5 M
Is this ok [y/d/N]: y
Downloading packages:
Running transaction check
Running transaction test
Transaction test succeeded
Running transaction
  Installing : samba-4.1.1-31.el7.x86_64    1/1
  Verifying  : samba-4.1.1-31.el7.x86_64    1/1
Installed:
  samba.x86_64 0:4.1.1-31.el7
Complete!
```

Samba 服务程序的主配置文件/etc/samba/smb.conf 有 320 行，其中大多数都是以 "#" 开头的注释信息行。

```
[root@studylinux ~ ]# cat /etc/samba/smb.conf
# This is the main Samba configuration file. For detailed information about the
# options listed here, refer to the smb.conf(5) manual page. Samba has a huge
# number of configurable options, most of which are not shown in this example.
#
# The Official Samba 3.2.x HOWTO and Reference Guide contains step-by-step
# guides for installing, configuring, and using Samba:
# http://www.samba.org/samba/docs/Samba-HOWTO-Collection.pdf
#
# The Samba-3 by Example guide has working examples for smb.conf. This guide is
# generated daily: http://www.samba.org/samba/docs/Samba-Guide.pdf
#
# In this file, lines starting with a semicolon (;) or a hash (#) are
# comments and are ignored. This file uses hashes to denote commentary and
# semicolons for parts of the file you may wish to configure.
#
# Note: Run the "testparm" command after modifying this file to check for basic
# syntax errors.
#
………………省略部分输出信息……………
```

在 Samba 服务程序的主配置文件中，注释信息行较多。表 8-1 罗列了这些参数以及相应的注释说明。

表 8-1　Samba 服务程序中的参数以及作用

参　数	作　用
[global]	全局参数
workgroup = MYGROUP	工作组名称
server string = Samba Server Version %v	服务器介绍信息，参数%v 为显示 SMB 版本号
log file = /var/log/samba/log.%m	定义日志文件的存放位置与名称，参数%m 为来访的主机名
max log size = 50	定义日志文件的最大容量为 50 KB
security = user	安全验证的方式，取值有如下 4 种： Share：来访主机无须验证口令；比较方便，但安全性很差； user：需验证来访主机提供的口令后才可以访问；提升了安全性； server：使用独立的远程主机验证来访主机提供的口令（集中管理账户）； domain：使用域控制器进行身份验证
passdb backend = tdbsam	定义用户后台的类型，取值有如下 3 种： Smbpasswd：使用 smbpasswd 命令为系统用户设置 Samba 服务程序的密码； tdbsam：创建数据库文件并使用 pdbedit 命令建立 Samba 服务程序的用户； ldapsam：基于 LDAP 服务进行账户验证
load printers = yes	设置在 Samba 服务启动时是否加载打印机设备
cups options = raw	打印机的选项
[homes]	共享名称
comment = Home Directories	描述信息
browseable = no	指定共享信息是否在"网上邻居"中可见
writable = yes	定义是否可以执行写入操作
[printers]	打印机共享名称
comment=All Printers	描述信息
path=/var/tmp	共享路径
printable=Yes	是否可打印
create mask=0600	文件权限
browseable = no	指定共享信息是否在"网上邻居"中可见

8.1.1　配置共享资源

Samba 服务程序的主配置文件，包括全局配置参数和区域配置参数。全局配置参数用于设置整体的资源共享环境，对每一个独立的共享资源都有效。区域配置参数则用于设置单独的共享资源，且仅对该资源有效。创建共享资源的方法很简单，只要将表 8-2 中的参数写入到 Samba 服务程序的主配置文件中，然后重启该服务即可。

表 8-2　用于设置 Samba 服务程序的参数以及作用

参　数	作　用
[data]	共享名称为 data
comment = Do not arbitrarily modify the database file	警告用户不要随意修改数据库
path = /home/data	共享目录为/home/data
public = no	关闭"所有人可见"
writable = yes	允许写入操作

第 1 步：创建用于访问共享资源的账户信息。

在 RHEL 7 系统中，Samba 服务程序默认使用的是用户口令认证模式（user）。这种认证模式可以确保仅让有密码且受信任的用户访问共享资源，验证过程十分简单。不过，只有建立账户信息数据库之后，才能使用用户口令认证模式。另外，Samba 服务程序的数据库要求账户必须在当前系统中已经存在，否则此后创建文件时将导致文件的权限属性混乱不堪，由此引发错误。

pdbedit 命令用于管理 SMB 服务程序的账户信息数据库，命令格式为：

pdbedit [选项] 账户

在第一次把账户信息写入到数据库时需要使用-a 参数，以后在执行修改密码、删除账户等操作时就不再需要该参数了。pdbedit 命令中使用的参数以及作用见表 8-3。

表 8-3 用于 pdbedit 命令的参数以及作用

参 数	作 用
-a 用户名	建立 Samba 账户
-x 用户名	删除 Samba 账户
-L	列出账户列表
-Lv	列出账户详细信息的列表

```
[root@studylinux ~]# id linux
uid=1000(linux) gid=1000(linux) groups=1000(linux)
[root@studylinux ~]# pdbedit -a -u linux
new password:此处输入该账户在 Samba 服务数据库中的密码
retype new password:再次输入密码进行确认
Unix username: linux
NT username:
Account Flags:
User SID: S-1-5-21-507407404-3243012849-3065158664-1000
Primary Group SID: S-1-5-21-507407404-3243012849-3065158664-513
Full Name: linux
Home Directory: \\localhost\linux
HomeDir Drive:
Logon Script:
Profile Path: \\localhost\linux\profile
Domain: LOCALHOST
Account desc:
Workstations:
Munged dial:
Logon time: 0
Logoff time: Wed, 06 Feb 2036 10:06:39 EST
Kickoff time: Wed, 06 Feb 2036 10:06:39 EST
Password last set: Mon, 13 Mar 2017 04:22:25 EDT
Password can change: Mon, 13 Mar 2017 04:22:25 EDT
Password must change: never
Last bad password : 0
Bad password count : 0
Logon hours : FFFFFFFFFFFFFFFFFFFFFFFFFFFFFFFFFFFFFFFFFFFF
```

第 2 步：创建用于共享资源的文件目录。

在创建共享目录时，要考虑到文件读写权限的问题，而且由于 /home 目录是系统中普通用户的家目录，还需要考虑应用于该目录的 SELinux 安全上下文所带来的限制。修改完毕后执行 restorecon 命令，使应用于目录的新 SELinux 安全上下文立即生效。

```
[root@studylinux ~]# mkdir /home/data
[root@studylinux ~]# chown -Rf linux:linux /home/data
[root@studylinux ~]# semanage fcontext -a -t samba_share_t /home/data
[root@studylinux ~]# restorecon -Rv /home/data
restorecon reset /home/data context unconfined_u:object_r:home_root_t:s0->
unconfined_u:object_r:samba_share_t:s0
```

第 3 步：设置 SELinux 服务与策略，使其允许通过 Samba 服务程序访问普通用户家目录。执行 getsebool 命令，筛选出所有与 Samba 服务程序相关的 SELinux 域策略，根据策略的名称选择出正确的策略条目进行开启即可：

```
[root@studylinux ~]# getsebool -a | grep samba
samba_create_home_dirs --> off
samba_domain_controller --> off
samba_enable_home_dirs --> off
samba_export_all_ro --> off
samba_export_all_rw --> off
samba_portmapper --> off
samba_run_unconfined --> off
samba_share_fusefs --> off
samba_share_nfs --> off
sanlock_use_samba --> off
use_samba_home_dirs --> off
virt_sandbox_use_samba --> off
virt_use_samba --> off
[root@studylinux ~]# setsebool -P samba_enable_home_dirs on
```

第 4 步：在 Samba 服务程序的主配置文件中，根据表 8-2 所提到的格式写入共享信息。在原始配置文件中，[homes]参数为来访用户的家目录共享信息，[printers]参数为共享的打印机设备。这两项如果在今后的工作中不需要，可以手动删除。

```
[root@studylinux ~]# vim /etc/samba/smb.conf
1    [global]
2    workgroup = MYGROUP
3    server string = Samba Server Version %v
4    log file = /var/log/samba/log.%m
5    max log size = 50
6    security = user
7    passdb backend = tdbsam
8    load printers = yes
9    cups options = raw
10   [data]
11   comment = Do not arbitrarily modify the data file
12   path = /home/data
13   public = no
14   writable = yes
```

第 5 步：Samba 服务程序的配置工作基本完毕。接下来重启 smb 服务，并清空 iptables 防火墙，检验配置效果。

```
[root@studylinux ~]# systemctl restart smb
[root@studylinux ~]# systemctl enable smb
ln -s '/usr/lib/systemd/system/smb.service' '/etc/systemd/system/multi-user.target.wants/smb.service'
[root@studylinux ~]# iptables -F
[root@studylinux ~]# service iptables save
iptables: Saving firewall rules to /etc/sysconfig/iptables:[ OK ]
```

8.1.2 Windows 访问文件共享服务

无论 Samba 共享服务是部署在 Windows 系统上还是部署在 Linux 系统上，通过 Windows 系统进行访问时，其步骤和方法都是一样的。

当 Samba 共享服务部署在 Linux 系统上，并通过 Windows 系统来访问 Samba 服务。Samba 共享服务器和 Windows 客户端的 IP 地址可以根据表 8-4 来设置。

表 8-4　Samba 服务器和 Windows 客户端使用的操作系统以及 IP 地址

主机名称	操作系统	IP 地址
Samba 共享服务器	RHEL 7	192.168.10.10
Windows 客户端	Windows 7	192.168.10.30

要在 Windows 系统中访问共享资源，只需在 Windows 的"运行"对话框的"打开"文本框中输入两个反斜杠，然后再加服务器的 IP 地址即可，如图 8-2 所示。

图 8-2　在 Windows 系统中访问共享资源

如果已经执行 iptables –F 命令，清空了 Linux 系统上 iptables 防火墙的默认策略，就应该能看到 Samba 共享服务的登录界面。

在这里先使用 linux 账户的系统本地密码尝试登录，结果出现了图 8-3 所示的报错信息。由此可以验证，在 RHEL 7 系统中，Samba 服务程序使用的是独立的账户信息数据库。所以，即便在 Linux 系统中有一个 linux 账户，Samba 服务程序使用的账户信息数据库中也必须有一个同名的 linux 账户，一定要弄清楚它们各自所对应的密码。

图 8-3　访问 Samba 共享服务时，提示出错

创建 SMB 服务独立账号。

Windows 系统要求先验证后才能访问共享资源，而 SMB 服务配置文件中密码数据库后台类型为 tdbsam，所以该账户和密码是 Samba 服务的独立账号信息，需要使用 pdbedit 命令创建 SMB 服务的用户数据库。

pdbedit 命令用于管理 SMB 服务的账户信息数据库，命令格式为：

pdbedit [选项] 账户

pdbedit 命令的参数及作用见表 8-5。

表 8-5　pdbedit 命令的参数及作用

参　　数	作　　用
-a 用户名	建立 samba 用户
-x 用户名	删除 samba 用户
-L	列出用户列表
-Lv	列出用户详细信息的列表

创建系统用户：

[root@studylinux ~]# useradd smbuser

将此用户升级为 SMB 用户：

```
[root@studylinux ~]# pdbedit -a -u smbuser
new password:
retype new password:
Unix username:        smbuser1
NT username:
Account Flags:        [U          ]
User SID:             S-1-5-21-1606320890-842007765-1151802531-1001
Primary Group SID:    S-1-5-21-1606320890-842007765-1151802531-513
Full Name:
Home Directory:       \\server\smbuser1
HomeDir Drive:
Logon Script:
Profile Path:         \\server\smbuser1\profile
Domain:               SERVER
```

```
Account desc:
Workstations:
Munged dial:
Logon time:                0
Logoff time:               Wed, 06 Feb 2036 23:06:39 CST
Kickoff time:              Wed, 06 Feb 2036 23:06:39 CST
Password last set:         Fri, 03 Sep 2021 09:59:47 CST
Password can change:       Fri, 03 Sep 2021 09:59:47 CST
Password must change:      never
Last bad password:         0
Bad password count:        0
Logon hours:               FFFFFFFFFFFFFFFFFFFFFFFFFFFFFFFFFFFFFFFFFFFF
```

正确输入 linux 账户名以及使用 pdbedit 命令设置的密码后，即可登录到共享界面中，如图 8-4 所示。此时，可以尝试执行查看、写入、重命名、删除文件等操作。

图 8-4 成功访问 Samba 共享服务

由于 Windows 系统的缓存原因，有可能在第二次登录时提供了正确的账户和密码，依然会报错，此时只需要重新启动一下 Windows 客户端即可正常登录。

8.1.3 Linux 访问文件共享服务

Samba 服务程序不只是能解决 Linux 系统和 Windows 系统的资源共享问题，还可以实现 Linux 系统之间的文件共享。参照表 8-6 设置 Samba 服务器和 Linux 客户端使用的 IP 地址，然后在客户端安装支持文件共享服务的软件包 cifs-utils。

表 8-6 Samba 共享服务器和 Linux 客户端各自使用的操作系统以及 IP 地址

主机名称	操作系统	IP 地址
Samba 共享服务器	RHEL7 操作系统	192.168.10.10
Linux 客户端	RHEL7 操作系统	192.168.10.20

```
[root@studylinux ~]# yum install cifs-utils
Loaded plugins: langpacks, product-id, subscription-manager
rhel | 4.1 kB 00:00
Resolving Dependencies
```

```
--> Running transaction check
---> Package cifs-utils.x86_64 0:6.2-6.el7 will be installed
--> Finished Dependency Resolution
Dependencies Resolved
================================================================================
 Package Arch Version Repository Size
================================================================================
Installing: cifs-utils x86_64 6.2-6.el7 rhel 83 k
Transaction Summary
================================================================================
Install 1 Package
Total download size: 83 k
Installed size: 174 k
Is this ok [y/d/N]: y
Downloading packages:
Running transaction check
Running transaction test
Transaction test succeeded
Running transaction
 Installing : cifs-utils-6.2-6.el7.x86_64 1/1
 Verifying : cifs-utils-6.2-6.el7.x86_64 1/1
Installed:
 cifs-utils.x86_64 0:6.2-6.el7
Complete!
```

在 Linux 客户端，按照 Samba 服务的用户名、密码、共享域的顺序将相关信息写入一个认证文件中。把认证文件的权限修改为仅 root 管理员才能够读写，以保证认证文件的机密性：

```
[root@studylinux ~]# vim auth.smb
username=linux
password=redhat
domain=MYGROUP
[root@studylinux ~]# chmod 600 auth.smb
```

在 Linux 客户端创建一个用于挂载 Samba 服务共享资源的目录，并把挂载信息写入 /etc/fstab 文件中，以确保共享挂载信息在服务器重启后依然生效：

```
[root@studylinux ~]# mkdir /data
[root@studylinux ~]# vim /etc/fstab
#
# /etc/fstab
# Created by anaconda on Wed May 4 19:26:23 2017
#
# Accessible filesystems, by reference, are maintained under '/dev/disk'
# See man pages fstab(5), findfs(8), mount(8) and/or blkid(8) for more info
#
/dev/mapper/rhel-root                        /          xfs      defaults   1 1
UUID=812b1f7c-8b5b-43da-8c06-b9999e0fe48b    /boot      xfs      defaults   1 2
/dev/mapper                                  /rhel-swap swap swap defaults  0 0
/dev/cdrom                                   /media/cdrom iso9660 defaults  0 0
//192.168.10.10/data /data cifs credentials=/root/auth.smb 0 0
```

```
[root@studylinux ~]# mount -a
```
Linux 客户端成功地挂载了 Samba 服务的共享资源。进入挂载目录/database 后即可看到 Windows 系统访问 Samba 服务程序时留下来的文件，也可以对该文件进行读写操作并保存。
```
[root@studylinux ~]# cat /data/Memo.txt
i can edit it .
```

8.2 NFS 网络文件系统

如果恰巧需要共享文件的主机都是 Linux 系统，可以部署 NFS 服务来共享文件。NFS（网络文件系统）服务可以将远程 Linux 系统上的文件共享资源挂载到本地主机的目录上，从而使得本地主机（Linux 客户端）基于 TCP/IP 协议，像使用本地主机上的资源那样读写远程 Linux 系统上的共享文件。

RHEL 7 系统中默认已经安装了 NFS 服务，且 NFS 服务的配置步骤也很简单。

首先使用 Yum 软件仓库检查 RHEL 7 系统中是否已经安装了 NFS 软件包：
```
[root@studylinux ~]# yum install nfs-utils
Loaded plugins: langpacks, product-id, subscription-manager
(1/2): rhel7/group_gz | 134 kB 00:00
(2/2): rhel7/primary_db | 3.4 MB 00:00
Package 1:nfs-utils-1.3.0-0.el7.x86_64 already installed and latest version
Nothing to do
```
第 1 步：使用两台 Linux 主机（一台充当 NFS 服务器，一台充当 NFS 客户端），检验 NFS 服务配置的效果，按照表 8-7 设置它们所使用的 IP 地址。

表 8-7　两台 Linux 主机所使用的操作系统以及 IP 地址

主机名称	操作系统	IP 地址
NFS 服务器	RHEL 7	192.168.10.10
NFS 客户端	RHEL 7	192.168.10.20

清空 NFS 服务器中 iptables 防火墙的默认策略。
```
[root@studylinux ~]# iptables -F
[root@studylinux ~]# service iptables save
iptables: Saving firewall rules to /etc/sysconfig/iptables:[ OK ]
```
第 2 步：在 NFS 服务器上建立用于 NFS 文件共享的目录，并设置足够的权限确保其他人也有写入权限。
```
[root@studylinux ~]# mkdir /nfsfile
[root@studylinux ~]# chmod -Rf 777 /nfsfile
[root@studylinux ~]# echo "welcome to linux" > /nfsfile/readme
```
第 3 步：NFS 服务程序的配置文件为/etc/exports，默认情况下其中没有任何内容。按照"共享目录的路径 允许访问的 NFS 客户端（共享权限参数）"的格式，定义要共享的目录与相应的权限。

例如，如果想要把/nfsfile 目录共享给 192.168.10.0/24 网段内的所有主机，让这些主机都拥有读写权限，在将数据写入 NFS 服务器的硬盘中后才会结束操作，最大限度保证数据不丢失，以及把来访客户端 root 管理员映射为本地的匿名用户等，则可以按照下列命令格式，将表 8-8 中的参数写到 NFS 服务程序的配置文件中。

表 8-8　用于配置 NFS 服务程序配置文件的参数

参　数	作　用
ro	只读
rw	读写
root_squash	当 NFS 客户端以 root 管理员访问时,映射为 NFS 服务器的匿名用户
no_root_squash	当 NFS 客户端以 root 管理员访问时,映射为 NFS 服务器的 root 管理员
all_squash	无论 NFS 客户端使用什么账户访问,均映射为 NFS 服务器的匿名用户
sync	同时将数据写入内存与硬盘中,保证不丢失数据
async	优先将数据保存到内存,然后写入硬盘;这样效率更高,但可能会丢失数据

NFS 客户端地址与权限之间没有空格。

```
[root@studylinux ~]# vim /etc/exports
/nfsfile 192.168.10.*(rw,sync,root_squash)
```

第 4 步：启动和启用 NFS 服务程序。由于在使用 NFS 服务进行文件共享之前,需要使用 RPC（Remote Procedure Call,远程过程调用）服务将 NFS 服务器的 IP 地址和端口号等信息发送给客户端。因此,在启动 NFS 服务之前,还需要重启并启用 rpcbind 服务程序,并将这两个服务一并加入开机启动项中。

```
[root@studylinux ~]# systemctl restart rpcbind
[root@studylinux ~]# systemctl enable rpcbind
[root@studylinux ~]# systemctl start nfs-server
[root@studylinux ~]# systemctl enable nfs-server
ln -s '/usr/lib/systemd/system/nfs-server.service' '/etc/systemd/system/nfs.target.wants/nfs-server.service'
```

NFS 客户端的配置步骤十分简单。先使用 showmount 命令查询 NFS 服务器的远程共享信息,其输出格式为"共享的目录名称　允许使用客户端地址"。showmount 命令中可用的参数以及作用见表 8-9。

表 8-9　showmount 命令中可用的参数以及作用

参　数	作　用
-e	显示 NFS 服务器的共享列表
-a	显示本机挂载的文件资源的情况
-v	显示版本号

```
[root@studylinux ~]# showmount -e 192.168.10.10
Export list for 192.168.10.10:
/nfsfile 192.168.10.*
```

在 NFS 客户端创建一个挂载目录。使用 mount 命令并结合 -t 参数,指定要挂载的文件系统的类型,在命令后面写上服务器的 IP 地址、服务器上的共享目录以及要挂载到本地系统（即客户端）的目录。

```
[root@studylinux ~]# mkdir /nfsfile
[root@studylinux ~]# mount -t nfs 192.168.10.10:/nfsfile /nfsfile
```

挂载成功后即可看到在执行前面的操作时写入的文件内容了。如果希望 NFS 文件共享服务能一直有效，则需要将其写入到 fstab 文件中：
```
[root@studylinux ~]# cat /nfsfile/readme
welcome to linux
[root@studylinux ~]# vim /etc/fstab
#
# /etc/fstab
# Created by anaconda on Wed May 4 19:26:23 2017
#
# Accessible filesystems, by reference, are maintained under '/dev/disk'
# See man pages fstab(5), findfs(8), mount(8) and/or blkid(8) for more info
#
/dev/mapper/rhel-root                          /              xfs       defaults    1 1
UUID=812b1f7c-8b5b-43da-8c06-b9999e0fe48b /boot          xfs       defaults    1 2
/dev/mapper                                    /rhel-swap     swap swap defaults    0 0
/dev/cdrom                                     /media/cdrom   iso9660   defaults    0 0
192.168.10.10:/nfsfile /nfsfile nfs defaults 0 0
```

8.3　autofs 自动挂载服务

无论是 Samba 服务还是 NFS 服务，都要把挂载信息写入/etc/fstab 文件中，这样远程共享资源就会自动随服务器开机而进行挂载。这很方便，但是如果挂载的远程资源太多，则会给网络带宽和服务器的硬件资源带来很大负载。如果在资源挂载后长期不使用，也会造成服务器硬件资源的浪费。

autofs 自动挂载服务可以解决这一问题。与 mount 命令不同，autofs 服务程序是一种 Linux 系统守护进程，当检测到用户试图访问一个尚未挂载的文件系统时，将自动挂载该文件系统。即将挂载信息填入/etc/fstab 文件后，系统在每次开机时都自动将其挂载；而 autofs 服务程序则是在用户需要使用该文件系统时才去动态挂载，从而节约了网络资源和服务器的硬件资源。

```
[root@studylinux ~]# yum install autofs
Loaded plugins: langpacks, product-id, subscription-manager
This system is not registered to Red Hat Subscription Management. You can use
subscription-manager to register.
rhel | 4.1 kB 00:00
Resolving Dependencies
--> Running transaction check
---> Package autofs.x86_64 1:5.0.7-40.el7 will be installed
--> Processing Dependency: libhesiod.so.0()(64bit) for package: 1:autofs-5.0.7-
40.el7.x86_64
--> Running transaction check
---> Package hesiod.x86_64 0:3.2.1-3.el7 will be installed
--> Finished Dependency Resolution
Dependencies Resolved

================================================================================
 Package       Arch      Version           Repository   Size
================================================================================
Installing:
 autofs        x86_64    1:5.0.7-40.el7    rhel         550 k
Installing for dependencies:
 hesiod        x86_64    3.2.1-3.el7       rhel         30 k
```

```
Transaction Summary
================================================================================
Install  1 Package (+1 Dependent package)
Total download size: 579 k
Installed size: 3.6 M
Is this ok [y/d/N]: y
Downloading packages:
--------------------------------------------------------------------------------
Total                                              9.4 MB/s | 579 kB  00:00
Running transaction check
Running transaction test
Transaction test succeeded
Running transaction
  Installing : hesiod-3.2.1-3.el7.x86_64                                   1/2
  Installing : 1:autofs-5.0.7-40.el7.x86_64                                2/2
  Verifying  : hesiod-3.2.1-3.el7.x86_64                                   1/2
  Verifying  : 1:autofs-5.0.7-40.el7.x86_64                                2/2
Installed:
  autofs.x86_64 1:5.0.7-40.el7
Dependency Installed:
  hesiod.x86_64 0:3.2.1-3.el7
Complete!
```

生产环境中的 Linux 服务器，一般会同时管理许多设备的挂载操作。如果把这些设备挂载信息都写入 autofs 服务的主配置文件中，会让主配置文件臃肿不堪，不利于服务执行效率，也不利于后期修改其中的配置内容，因此在 autofs 服务程序的主配置文件中需要按照"挂载目录子配置文件"格式进行填写。挂载目录是设备挂载位置的上一级目录。例如，光盘设备一般挂载到 /media/cdrom 目录中，那么挂载目录写成 /media 即可。对应的子配置文件则是对该挂载目录内的挂载设备信息作进一步的说明。子配置文件需要用户自行定义，文件名字没有严格要求，但扩展名必须以 .misc 结束。具体的配置参数如加粗行所示。

```
[root@studylinux ~]# vim /etc/auto.master
#
# Sample auto.master file
# This is an automounter map and it has the following format
# key [ -mount-options-separated-by-comma ] location
# For details of the format look at autofs(5).
#
```
/media /etc/iso.misc
```
/misc /etc/auto.misc
#
# NOTE: mounts done from a hosts map will be mounted with the
# "nosuid" and "nodev" options unless the "suid" and "dev"
# options are explicitly given.
#
/net -hosts
#
# Include /etc/auto.master.d/*.autofs
#
+dir:/etc/auto.master.d
```

```
#
# Include central master map if it can be found using
# nsswitch sources.
#
# Note that if there are entries for /net or /misc (as
# above) in the included master map any keys that are the
# same will not be seen as the first read key seen takes
# precedence.
#
+auto.master
```

在子配置文件中,应按照"挂载目录 挂载文件类型及权限 :设备名称"格式进行填写。例如,要把光盘设备挂载到/media/iso 目录中,可将挂载目录写为 iso,而–fstype 为文件系统格式参数,iso9660 为光盘设备格式,ro、nosuid 及 nodev 为光盘设备具体的权限参数,/dev/cdrom 则是定义要挂载的设备名称。配置完成后再顺手将 autofs 服务程序启动并加入系统启动项中:

```
[root@studylinux ~]# vim /etc/iso.misc
iso    -fstype=iso9660,ro,nosuid,nodev :/dev/cdrom
[root@studylinux ~]# systemctl start autofs
[root@studylinux ~]# systemctl enable autofs
ln -s '/usr/lib/systemd/system/autofs.service' '/etc/systemd/system/multi-user.target.wants/autofs.service'
```

首先查看当前的光盘设备挂载情况,确认光盘设备没有被挂载上,并且/media 目录中根本没有 iso 子目录。但却可以使用 cd 命令切换到 iso 子目录中,而且光盘设备会被立即自动挂载上,因此可以顺利查看光盘内的内容。

```
[root@studylinux ~]# df -h
Filesystem              Size  Used Avail Use% Mounted on
/dev/mapper/rhel-root    18G  3.0G   15G  17% /
devtmpfs                905M     0  905M   0% /dev
tmpfs                   914M  140K  914M   1% /dev/shm
tmpfs                   914M  8.9M  905M   1% /run
tmpfs                   914M     0  914M   0% /sys/fs/cgroup
/dev/sda1               497M  119M  379M  24% /boot
[root@studylinux ~]# cd /media
[root@studylinux media]# ls
[root@studylinux media]# cd iso
[root@studylinux iso]# ls -l
total 812
dr-xr-xr-x.  4 root root    2048 May  7  2017 addons
dr-xr-xr-x.  3 root root    2048 May  7  2017 EFI
-r--r--r--.  1 root root    8266 Apr  4  2017 EULA
-r--r--r--.  1 root root   18092 Mar  6  2012 GPL
dr-xr-xr-x.  3 root root    2048 May  7  2017 images
dr-xr-xr-x.  2 root root    2048 May  7  2017 isolinux
dr-xr-xr-x.  2 root root    2048 May  7  2017 LiveOS
-r--r--r--.  1 root root     108 May  7  2017 media.repo
dr-xr-xr-x.  2 root root  774144 May  7  2017 Packages
dr-xr-xr-x. 24 root root    6144 May  7  2017 release-notes
```

```
dr-xr-xr-x. 2 root root 4096 May  7 2017 repodata
-r--r--r--. 1 root root 3375 Apr  1 2017 RPM-GPG-KEY-redhat-beta
-r--r--r--. 1 root root 3211 Apr  1 2017 RPM-GPG-KEY-redhat-release
-r--r--r--. 1 root root 1568 May  7 2017 TRANS.TBL
[root@studylinux ~]# df -h
Filesystem               Size  Used  Avail  Use%  Mounted on
/dev/mapper/rhel-root    18G   3.0G  15G    17%   /
devtmpfs                 905M  0     905M   0%    /dev
tmpfs                    914M  140K  914M   1%    /dev/shm
tmpfs                    914M  8.9M  905M   1%    /run
tmpfs                    914M  0     914M   0%    /sys/fs/cgroup
/dev/cdrom               3.5G  3.5G  0      100%  /media/iso
/dev/sda1                497M  119M  379M   24%   /boot
```

8.4 常见问题分析

8.4.1 Samba 服务器相关问题分析

1. NT_STATUS_BAD_NETWORK_NAME

提示该错误信息，说明输入了错误的共享名称，一般为输入性错误，需要检查客户端请求的共享资源在服务器中是否存在。

2. NT_STATUS_LOGON_FAILURE

提示该错误信息，说明登录失败，一般是由于账号名称或密码不正确导致，需要检查账户和密码后重试。

3. NT_STATUS_ACCESS_DENIED

提示该错误信息，说明访问被拒绝，权限不足。这里可能是 Samba 服务器设置的访问权限，也有可能是服务器文件系统的访问权限，不允许客户端访问。

4. Error NT_STATUS_HOST_UNREACHABLE

提示该错误信息，说明客户端无法连接 Samba 服务器，一般是由于网络故障或防火墙问题引起的，需要检查客户端与服务器的网络连接是否正常。此外，还要检查防火墙规则是否允许客户端请求，Samba 端口有 137、138、139、445。

5. Not enough '\' characters in service

提示该错误信息，说明客户端访问时共享路径输入有误，特别是//IP 与///IP 是不同的，使用//IP 格式访问服务器时会报错。

8.4.2 NFS 服务器相关问题分析

1. 权限问题

系统提示信息'Permission denied'时，表示用户在客户端挂载的文件无写权限。在/etc/exports 配置文件中设置共享目录为可读写的同时，要修改相应系统层面的文件及目录权限。

默认客户端使用 root 访问 NFS 共享进行读写操作时，服务器会自动把 root 转换为服务器本机的 nfsnobody 账号，导致 root 无法进行相应的操作，如果要保留 root 权限，需要在配置文件中添加 no_root_squash 选项。

2．rpcbind 问题

系统提示信息表明 NFS mounted、rpc.rquotad、rpc.nfsd 无法启动，表示 rpcbind 服务没有启动。因为上述服务都依赖于 rpcbind 服务，必须确保 rpcbind 启动后再开启 nfs 以及相关服务进程。

通过 rpcinfo –p 可以查看基于 RPC 协议的服务是否成功与 rpcbind 通信，并注册信息。

3．挂载错误

系统提示信息 No such file or directory，说明服务器上没有相应的挂载点目录，应检查确定目录名是否正确。

4．防火墙错误

系统提示信息 mount:mount to NFS server '192.168.10.10em Error:No route to host，说明 nfs 服务的默认端口 2049 被防火墙屏蔽，需要修改防火墙规则开放 2049 端口。

单 元 实 训

【实训目的】

- 掌握 samba 服务器的部署；
- 掌握 samba 客户端的部署及服务验证。

【实训内容】

某企业有 manage、develop、design 和 test 四个小组，个人办公机操作系统为 Windows 10，少数开发人员采用 Linux 操作系统，服务器操作系统为 RHEL 7，需要设计一套建立在 RHEL 7 上的安全文件共享方案。每个用户都有自己的网络硬盘，所有用户（包括匿名用户）要有一个存放临时文件的文件夹。

要求：

（1）manage 组具有管理所有 samba 空间的权限；

（2）各部门的私有空间：各小组拥有自己的空间，除了小组成员及 manage 组有权限以外，其他用户不可访问（包括列表、读和写）；

（3）资料库：所有用户（包括匿名用户）都具有读权限而不具有写入数据的权限；

（4）develop 组与 test 组之外的用户不能访问 develop 组和 test 组的共享空间；

（5）公共临时空间：让所有用户可以读取、写入、删除。

单 元 习 题

一、选择题

1．用 samba 共享了目录，但是在 Windows 网络邻居中却看不到它，应该在/etc/samba/smb.conf 中设置（　　）。

  A．hidden=no   B．browseable=yes

C. allowWindowsClients=yes D. 以上都不是

2. （　）命令可以用来安装 samba 服务器。

A. yum install -y samba* B. rpm -i samba*
C. yum uninstall -y samba* D. rpm -e samba*

3. samba 服务器配置文件中（　）可以允许 192.168.10.0/24 访问 samba 服务器。

A. hosts enable=192.168.10. B. hosts allow=192.168.10.
C. hosts accept=192.168.10. D. hosts enable=192.168.10.0/24

4. 启动 samba 服务时，（　）是必须运行的端口监控程序。

A. nmbd B. lmbd C. mmbd D. smbd

5. samba 服务的主配置文件是（　）。

A. smb.conf B. samba.conf C. smbpasswd D. smbclient

6. 利用（　）命令可以对 samba 的配置文件进行语法测试。

A. smbclient B. smbpasswd C. testparm D. smbmount

7. samba 的主配置文件中不包括（　）部分。

A. global B. directory shares
C. printers shares D. applications shares

二、填空题

1. samba 服务功能强大，使用_____协议，英文全称是_____。
2. SMB 经过开发，可以直接运行于 TCP/IP 上，使用 TCP 的_____端口。
3. samba 服务由两个进程组成，分别是_____和_____。
4. samba 的配置文件存放在_____目录中，主配置文件名为_____。
5. samba 服务器有_____、_____、_____、_____、_____5 种安全模式，默认级别是_____。

单元 9　使用 DNS 实现域名解析

单元导读

域名系统（DNS）主要用于管理域名与 IP 地址的映射关系，承担 DNS 解析工作的服务器为 DNS 服务器。在本单元中，将讲解 DNS 域名解析服务的原理以及作用，介绍了域名查询功能中正向解析与反向解析的作用，并通过实验的方式演示了如何在 DNS 主服务器上部署正、反解析工作模式，以便学习者能深刻体会到 DNS 域名查询的便利以及强大。

学习目标

➢ 了解域名解析服务的原理以及作用；
➢ 了解正向解析与反向解析的作用；
➢ 掌握安装 DNS 服务器，部署正反解析工作模式的步骤；
➢ 掌握测试 DNS 服务的步骤。

9.1　DNS 域名解析服务

网络中的计算机之间只能基于 IP 地址来识别对方的身份，要想在互联网中传输数据，也必须基于外网的 IP 地址来完成。IP 地址是由 32 个二进制位组成的，且没有规律，比较难以记忆；而域名是由有含义的字符串组成的，比 IP 地址更容易被理解和记忆，所以人们通常更习惯通过域名的方式访问网络中的资源。

为了降低用户访问网络资源的门槛，DNS（Domain Name System，域名系统）技术应运而生。这是一项用于管理和解析域名与 IP 地址对应关系的技术，即接受用户输入的域名或 IP 地址，然后自动查找与之具有映射关系的 IP 地址或域名，将域名解析为 IP 地址（正向解析），或将 IP 地址解析为域名(反向解析)。这样一来，用户只需要在浏览器中输入域名即可打开想要访问的网站。

由于互联网中的域名和 IP 地址对应关系数据库过于庞大，DNS 域名解析服务采用类似目录树的层次结构记录域名与 IP 地址之间的对应关系，从而形成了一个分布式的数据库系统，如图 9-1 所示。

域名后缀一般分为国际域名和国内域名。目前最常见的域名后缀有商业组织.com、非营利组织.org、政府部门.gov、网络服务商.net、教研机构.edu、中国顶级域名.cn 等。

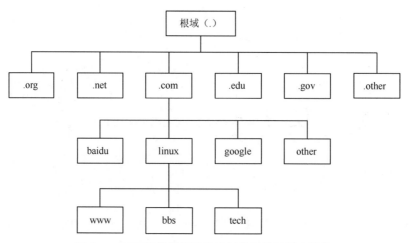

图 9-1　DNS 域名解析服务采用的目录树层次结构

当今世界的信息化程度越来越高，大数据、云计算、物联网、人工智能等新技术不断涌现，有统计数字显示全球网民的数量超过了 53 亿，而且每年还在以 7%的速度迅速增长。这些因素导致互联网中的域名数量进一步激增，被访问的频率也进一步加大。假设全球网民每人每天只访问一个网站域名，而且只访问一次，也会产生 53 亿次的查询请求，如此庞大的请求数量无法被某一台服务器全部处理掉。DNS 技术作为互联网基础设施中重要的一环，为了给网民提供不间断、稳定且快速的域名查询服务，保证互联网的正常运转，提供了下面三种类型的服务器。

➢ 主服务器：在特定区域内具有唯一性，负责维护该区域内的域名与 IP 地址之间的对应关系。
➢ 从服务器：从主服务器中获得域名与 IP 地址的对应关系并进行维护，以防主服务器宕机等情况。
➢ 缓存服务器：通过向其他域名解析服务器查询获得域名与 IP 地址的对应关系，并将经常查询的域名信息保存到服务器本地，以此来提高重复查询时的效率。

主服务器是用于管理域名和 IP 地址对应关系的真正服务器，从服务器分散部署在各个国家、省市或地区，以便用户就近查询域名，减轻主服务器的负载压力。缓存服务器不太常用，一般部署在企业内网的网关位置，用于加速用户的域名查询请求。

DNS 域名解析服务采用分布式的数据结构来存放海量的"区域数据"信息，有递归查询和迭代查询两种方式，执行用户发起的域名查询请求。递归查询，是指 DNS 服务器在收到用户发起的请求时，必须向用户返回一个准确的查询结果。如果 DNS 服务器本地没有存储与之对应的信息，则该服务器需要询问其他服务器，并将返回的查询结果提交给用户。迭代查询，是指 DNS 服务器在收到用户发起的请求时，并不直接回复查询结果，而是告诉另一台 DNS 服务器的地址，用户再向这台 DNS 服务器提交请求，这样依次反复，直到返回查询结果。

例如，用户向就近的一台 DNS 服务器发起对某个域名（如 www.linux.com）的查询流程大致如图 9-2 所示。

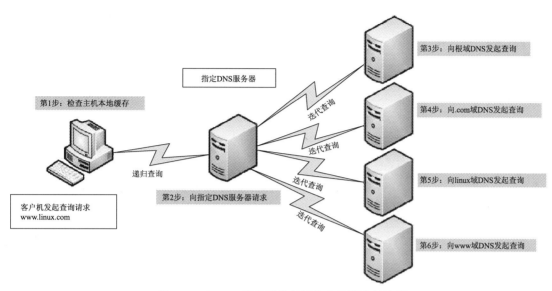

图 9-2 向 DNS 服务器发起域名查询请求的流程

当用户向网络指定的 DNS 服务器发起一个域名请求时，通常情况下会从本地由此 DNS 服务器向上级的 DNS 服务器发送迭代查询请求；如果该 DNS 服务器没有要查询的信息，则会进一步向上级 DNS 服务器发送迭代查询请求，直到获得准确的查询结果为止。其中最高级、最权威的根 DNS 服务器总共有 13 组，分布在世界各地，其管理单位、具体的地理位置，以及 IP 地址见表 9-1。

表 9-1 13 台根 DNS 服务器的具体信息

名称	管理单位	地理位置	IP 地址
A	INTERNIC.NET	美国弗吉尼亚州	198.41.0.4
B	美国信息科学研究所	美国加利福尼亚州	128.9.0.107
C	PSINet 公司	美国弗吉尼亚州	192.33.4.12
D	马里兰大学	美国马里兰州	128.8.10.90
E	美国航空航天管理局	美国加利福尼亚州	192.203.230.10
F	因特网软件联盟	美国加利福尼亚州	192.5.5.241
G	美国国防部网络信息中心	美国弗吉尼亚州	192.112.36.4
H	美国陆军研究所	美国马里兰州	128.63.2.53
I	Autonomica 公司	瑞典斯德哥尔摩	192.36.148.17
J	VeriSign 公司	美国弗吉尼亚州	192.58.128.30
K	RIPE NCC	英国伦敦	193.0.14.129
L	IANA	美国弗吉尼亚州	199.7.83.42
M	WIDE Project	日本东京	202.12.27.33

9.2 安装 bind 服务程序

DNS 域名解析服务作为互联网基础设施服务，其 BIND（Berkeley Internet Name Domain，伯克利因特网名称域）服务是全球范围内使用最广泛、最安全可靠且高效的域名解析服务程序。在生产环境中安装部署 bind 服务程序时建议加上 chroot（牢笼机制）扩展包，以便有效地限制 bind 服务程序仅能对自身的配置文件进行操作，以确保整个服务器的安全。

```
[root@studylinux ~]# yum install bind-chroot
Loaded plugins: langpacks, product-id, subscription-manager
……………省略部分输出信息……………
Installing:
 bind-chroot    x86_64    32:9.9.4-14.el7    rhel    81 k
Installing for dependencies:
 bind    x86_64    32:9.9.4-14.el7    rhel    1.8 M
Transaction Summary
==================================================================
Install  1 Package (+1 Dependent package)
Total download size: 1.8 M
Installed size: 4.3 M
Is this ok [y/d/N]: y
Downloading packages:
------------------------------------------------------------------
Total                                      28 MB/s | 1.8 MB  00:00
Running transaction check
Running transaction test
Transaction test succeeded
Running transaction
  Installing : 32:bind-9.9.4-14.el7.x86_64                     1/2
  Installing : 32:bind-chroot-9.9.4-14.el7.x86_64              2/2
  Verifying  : 32:bind-9.9.4-14.el7.x86_64                     1/2
  Verifying  : 32:bind-chroot-9.9.4-14.el7.x86_64              2/2
Installed:
  bind-chroot.x86_64 32:9.9.4-14.el7
Dependency Installed:
  bind.x86_64 32:9.9.4-14.el7
Complete!
```

要为用户提供健全的 DNS 查询服务，bind 服务程序的配置比较复杂，要在本地保存相关的域名数据库，如果把所有域名和 IP 地址的对应关系都写入某个配置文件中，估计要有上千万条参数，这样既不利于程序的执行效率，也不方便日后的修改和维护。因此在 bind 服务程序中有下面三个比较关键的文件。

➢ 主配置文件（/etc/named.conf）：包括注释信息在内，只有 58 行，这些参数用来定义 bind 服务程序的运行。

➢ 区域配置文件（/etc/named.rfc1912.zones）：用来保存域名和 IP 地址对应关系的所在位置。类似于图书的目录，对应着每个域和相应 IP 地址所在的具体位置，当需要查看或修改时，可根据该位置找到相关文件。

➢ 数据配置文件目录（/var/named）：该目录用来保存域名和 IP 地址真实对应关系的数据配置文件。

在 Linux 系统中，bind 服务程序的名称为 named。首先在/etc 目录中找到该服务程序的主配置文件，把第 11 行和第 17 行的地址均修改为 any，分别表示服务器上的所有 IP 地址均可提供 DNS 域名解析服务，以及允许所有人对本服务器发送 DNS 查询请求。

```
[root@studylinux ~]# vim /etc/named.conf
1  //
2  // named.conf
3  //
4  // Provided by Red Hat bind package to configure the ISC BIND named(8) DNS
5  // server as a caching only nameserver (as a localhost DNS resolver only).
6  //
7  // See /usr/share/doc/bind*/sample/ for example named configuration files.
8  //
9
10 options {
11     listen-on port 53 { any; };
12     listen-on-v6 port 53 { ::1; };
13     directory  "/var/named";
14     dump-file  "/var/named/data/cache_dump.db";
15     statistics-file "/var/named/data/named_stats.txt";
16     memstatistics-file "/var/named/data/named_mem_stats.txt";
17     allow-query { any; };
18
19     /*
20      - If you are building an AUTHORITATIVE DNS server, do NOT enable re cursion. 1,1 Top
21      - If you are building a RECURSIVE (caching) DNS server, you need to enable
22      recursion.
23      - If your recursive DNS server has a public IP address, you MUST en able access
24      control to limit queries to your legitimate users. Failing to do so will
25      cause your server to become part of large scale DNS amplification
26      attacks. Implementing BCP38 within your network would greatly
27      reduce such attack surface
28      */
29     recursion yes;
30
31     dnssec-enable yes;
32     dnssec-validation yes;
33     dnssec-lookaside auto;
34
35     /* Path to ISC DLV key */
36     bindkeys-file "/etc/named.iscdlv.key";
37
38     managed-keys-directory "/var/named/dynamic";
39
40     pid-file "/run/named/named.pid";
41     session-keyfile "/run/named/session.key";
42 };
43
44 logging {
45     channel default_debug {
46         file "data/named.run";
47         severity dynamic;
48     };
49 };
```

```
50
51 zone "." IN {
52     type hint;
53     file "named.ca";
54 };
55
56 include "/etc/named.rfc1912.zones";
57 include "/etc/named.root.key";
58
```

bind 服务程序的区域配置文件（/etc/named.rfc1912.zones）用来保存域名和 IP 地址对应关系的所在位置。在该文件中，定义了域名与 IP 地址解析规则保存的文件位置以及服务类型等内容，没有包含具体的域名、IP 地址对应关系等信息。服务类型有三种，分别为 hint（根区域）、master（主区域）、slave（辅助区域），其中常用的 master 和 slave 指的就是主服务器和从服务器。将域名解析为 IP 地址的正向解析参数和将 IP 地址解析为域名的反向解析参数分别如图 9-3 和图 9-4 所示。

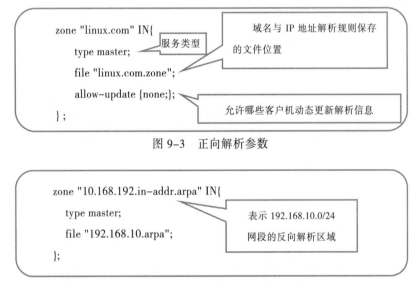

图 9-3　正向解析参数

图 9-4　反向解析参数

下面的实验中会分别修改 bind 服务程序的主配置文件、区域配置文件与数据配置文件。如果在实验中遇到了 bind 服务程序启动失败的情况，可以执行 named-checkconf 和 named-checkzone 命令，分别检查主配置文件与数据配置文件中的语法或参数错误。

9.2.1　正向解析实验

在 DNS 域名解析服务中，正向解析是指根据域名（主机名）查找到对应的 IP 地址。即，当用户输入了一个域名后，bind 服务程序会自动进行查找，并将匹配到的 IP 地址返给用户。这也是最常用的 DNS 工作模式。

第 1 步：编辑区域配置文件。该文件中默认已经有了一些无关紧要的解析参数，旨在让用户有一个参考。可以将下面的参数添加到区域配置文件的最下面，当然，也可以将该文件中的原有

信息全部清空,而只保留自己的域名解析信息:
```
[root@studylinux ~]# vim /etc/named.rfc1912.zones
zone "linux.com" IN {
  type master;
  file "linux.com.zone";
  allow-update {none;};
};
```
第 2 步:编辑数据配置文件。从/var/named 目录中复制一份正向解析的模板文件(named.localhost),把域名和 IP 地址的对应数据填写到数据配置文件中并保存。在复制时使用-a 参数,这可以保留原始文件的所有者、所属组、权限属性等信息,以便让 bind 服务程序顺利读取文件内容:
```
[root@studylinux ~]# cd /var/named/
[root@studylinux named]# ls -al named.localhost
-rw-r-----. 1 root named 152 Jun 21 2007 named.localhost
[root@studylinux named]# cp -a named.localhost linux.com.zone
```
编辑数据配置文件见表 9-2。保存文件并退出后,重启 named 服务程序,使新的解析数据生效。
```
[root@studylinux named]# vim linux.com.zone
[root@studylinux named]# systemctl restart named
```

表 9-2　编辑数据配置文件

$TTL 1D			#生存周期为 1 天		
@	IN SOA	linux.com.	root.linux.com.	(	
	#授权信息开始	#DNS 区域的地址	#域名管理员的邮箱(不要用@符号)		
				0;serial	#更新序列号
				1D;refresh	#更新时间
				1H;retry	#重试延时
				1W;expire	#失效时间
				3H);minimum	#无效解析记录的缓存时间
	NS	ns.linux.com.			#域名服务器记录
ns	IN A	192.168.10.10			#地址记录(ns.linux.com.)
	IN MX 10	mail.linux.com.			#邮箱交换记录
mail	IN A	192.168.10.10			#地址记录(mail.linux.com.)
www	IN A	192.168.10.10			#地址记录(www.linux.com.)
bbs	IN A	192.168.10.20			#地址记录(bbs.linux.com.)

第 3 步:检验解析结果。在检验解析结果之前,一定要先把 Linux 系统网卡中的 DNS 地址参数修改成本机 IP 地址,这样就可以使用由本机提供的 DNS 查询服务了。nslookup 命令用于检测能否从 DNS 服务器中查询到域名与 IP 地址的解析记录,进而更准确地检验 DNS 服务器是否已经能够为用户提供服务。
```
[root@studylinux ~]# systemctl restart network
[root@studylinux ~]# nslookup
> www.linux.com
Server: 127.0.0.1
```

```
Address: 127.0.0.1#53
Name: www.linux.com
Address: 192.168.10.10
> bbs.linux.com
Server: 127.0.0.1
Address: 127.0.0.1#53
Name: bbs.linux.com
Address: 192.168.10.20
```

9.2.2 反向解析实验

在 DNS 域名解析服务中，反向解析的作用是将用户提交的 IP 地址解析为对应的域名信息，它一般用于对某个 IP 地址上绑定的所有域名进行整体屏蔽，屏蔽由某些域名发送的垃圾邮件。它也可以针对某个 IP 地址进行反向解析，大致判断出有多少个网站运行在上面。当购买虚拟主机时，可以使用这一功能验证虚拟主机提供商是否有严重的超售问题。

第 1 步：编辑区域配置文件。在编辑该文件时，除了不要写错格式之外，还需要记住此处定义的数据配置文件名称，因为一会儿还需要在/var/named 目录中建立与其对应的同名文件。反向解析是把 IP 地址解析成域名格式，因此在定义 zone（区域）时应该把 IP 地址反写，比如原来是 192.168.10.0，反写后为 10.168.192，而且只需写出 IP 地址的网络位即可。把下列参数添加至正向解析参数的后面。

```
[root@studylinux ~]# vim /etc/named.rfc1912.zones
zone "linux.com" IN {
  type master;
  file "linux.com.zone";
  allow-update {none;};
};
zone "10.168.192.in-addr.arpa" IN {
  type master;
  file "192.168.10.arpa";
};
```

第 2 步：编辑数据配置文件。首先从/var/named 目录中复制一份反向解析的模板文件（named.loopback），然后把下面的参数填写到文件中。其中，IP 地址仅需要写主机位，如图 9-5 所示。

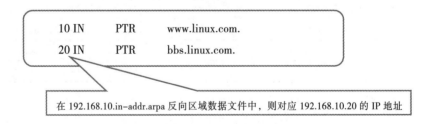

图 9-5 反向解析文件中 IP 地址参数规范

```
[root@studylinux named]# cp -a named.loopback 192.168.10.arpa
[root@studylinux named]# vim 192.168.10.arpa
[root@studylinux named]# systemctl restart named
```

编辑数据配置文件，见表 9-3。

表 9-3 编辑数据配置文件

$TTL 1D				
@	IN SOA	linux.com.	root.linux.com.	(
				0;serial
				1D;refresh
				1H;retry
				1W;expire
				3H);minimum
	NS	ns.linux.com.		
ns	A	192.168.10.10		
10	PTR	ns.linux.com.	#PTR 为指针记录，仅用于反向解析	
10	PTR	mail.linux.com.		
10	PTR	www.linux.com.		
20	PTR	bbs.linux.com.		

第 3 步：检验解析结果。在前面的正向解析实验中，已经把系统网卡中的 DNS 地址参数修改成了本机 IP 地址，因此可以直接使用 nslookup 命令检验解析结果，仅需输入 IP 地址即可查询对应的域名信息。

```
[root@studylinux ~]# nslookup
> 192.168.10.10
Server:  127.0.0.1
Address: 127.0.0.1#53
10.10.168.192.in-addr.arpa name = ns.linux.com.
10.10.168.192.in-addr.arpa name = www.linux.com.
10.10.168.192.in-addr.arpa name = mail.linux.com.
> 192.168.10.20
Server:  127.0.0.1
Address: 127.0.0.1#53
20.10.168.192.in-addr.arpa name = bbs.linux.com.
```

9.3 部署从服务器

作为重要的互联网基础设施服务，只有保证 DNS 域名解析服务的正常运转，才能提供稳定、快速且不间断的域名查询服务。在 DNS 域名解析服务中，从服务器可以从主服务器上获取指定的区域数据文件，从而起到备份解析记录与负载均衡的作用，因此通过部署从服务器可以减轻主服务器的负载压力，还可以提升用户的查询效率。

在本实验中，主服务器与从服务器分别使用的操作系统和 IP 地址见表 9-4。

表 9-4 主服务器与从服务器分别使用的操作系统与 IP 地址信息

主机名称	操作系统	IP 地址
主服务器	RHEL 7	192.168.10.10
从服务器	RHEL 7	192.168.10.20

第 1 步：在主服务器的区域配置文件中允许该从服务器的更新请求，即修改 allow-update {允许更新区域信息的主机地址;};参数，然后重启主服务器的 DNS 服务程序。

```
[root@studylinux ~]# vim /etc/named.rfc1912.zones
zone "linux.com" IN {
  type master;
  file "linux.com.zone";
  allow-update { 192.168.10.20; };
};
zone "10.168.192.in-addr.arpa" IN {
  type master;
  file "192.168.10.arpa";
  allow-update { 192.168.10.20; };
};
[root@linux ~]# systemctl restart named
```

第 2 步：在从服务器中填写主服务器的 IP 地址与要抓取的区域信息，然后重启服务。注意此时的服务类型应该是 slave（从），而不再是 master（主）。masters 参数后面应该为主服务器的 IP 地址，而且 file 参数后面定义的是同步数据配置文件后要保存到的位置。

```
[root@studylinux ~]# vim /etc/named.rfc1912.zones
zone "linux.com" IN {
  type slave;
  masters { 192.168.10.10; };
  file "slaves/linux.com.zone";
};
zone "10.168.192.in-addr.arpa" IN {
  type slave;
  masters { 192.168.10.10; };
  file "slaves/192.168.10.arpa";
};
[root@studylinux ~]# systemctl restart named
```

第 3 步：检验解析结果。当从服务器的 DNS 服务程序重启后，一般会自动从主服务器上同步数据配置文件，而且该文件默认会放置在区域配置文件中所定义的目录位置。修改从服务器的网络参数，把 DNS 地址参数修改为 192.168.10.20，这样即可使用从服务器自身提供的 DNS 域名解析服务。最后可使用 nslookup 命令查看解析结果。

```
[root@studylinux ~]# cd /var/named/slaves
[root@studylinux slaves]# ls
192.168.10.arpa  linux.com.zone
[root@studylinux slaves]# nslookup
> www.linux.com
Server:		192.168.10.20
Address:	192.168.10.20#53

Name:	www.linux.com
Address: 192.168.10.10
> 192.168.10.10
Server:		192.168.10.20
Address:	192.168.10.20#53

10.10.168.192.in-addr.arpa	name = www.linux.com.
10.10.168.192.in-addr.arpa	name = ns.linux.com.
10.10.168.192.in-addr.arpa	name = mail.linux.com.
```

9.4 常见错误分析

1. 客户端无法进行 DNS 查询服务

（1）在主配置文件中，allow-query 默认值被设置为 localhost，表明仅本机可以进行 DNS 查询；如果要开放 DNS 服务，需要将 allow-query 的值修改为特定的主机或者任意主机（any）。

（2）在主配置文件中，listen-on 默认值为 127.0.0.0:53，表明仅监听本地回环地址，这样客户端也无法连接服务器进行查询。需要将 listen-on 的值修改为特定的主机或者任意主机（any）。

2. 防火墙问题

客户端连接服务器发送的查询请求使用的是 UDP 的 53 号端口，从服务器与主服务器同步数据时使用的是 TCP 的 53 号端口，开放 DNS 服务后，要修改防火墙设置。

3. BIND 服务无法启动

查看 /var/log/messages 日志文件，有 none:0:open /etc/named.conf:permission denied 提示，表明 BIND 启动时无权读取 named.conf 文件。BIND 相关进程都是以 named 用户身份启动的，出现上述错误时，需要修改配置文件 /etc/named.conf 的权限，将读写权限赋予 named 用户。

4. 配置文件的问题

BIND 数据文件有缩写功能，在数据文件中输入的完整域名必须以"."结尾，注意不能省略，如果省略将无法查询到解析记录。

单 元 实 训

【实训目的】

- 掌握 DNS 服务的工作原理；
- 掌握 DNS 服务器的安装与部署；
- 掌握 DNS 正向解析、反向解析。

【实训内容】

某企业有一个局域网（192.168.10.0/24），网络拓扑如图 9-6 所示。该企业已有自己的网页，员工希望通过域名来访问，同时员工也需要访问 Internet 上的网站。该企业已经申请了域名 studylinux.com，公司需要 Internet 上的用户通过域名访问公司的网页。为了保证可靠，不能因为 DNS 的故障，导致网页不能访问。

要求在企业内部构建一台 DNS 服务器，为局域网中的计算机提供域名解析服务。DNS 服务器管理 studylinux.com 域的域名解析，DNS 服务器的域名为 dns.studylinux.com，IP 地址为 192.168.10.2，辅助 DNS 服务器的 IP 地址为 192.168.10.3，同时还必须为客户提供 Internet 上主机的域名解析。要求分别能解析以下域名：财务部（cw.studylinux.com 192.168.10.11），经理部（jl.studylinux.com 192.168.10.13），OA 系统（oa.studylinux.com 192.168.153.14）和销售部（xs.studylinux.com 192.168.10.15）。

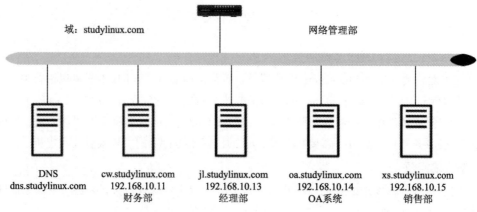

图 9-6 DNS 服务器搭建网络拓扑图

单 元 习 题

一、单选题

1. 在 Linux 环境下，能实现域名解析功能的软件模块是（　　）。
   A. Apache　　　　B. samba　　　　C. BIND　　　　D. SQUID
2. mail.qq.com 是 Internet 中主机的（　　）。
   A. 主机　　　B. 用户名　　　C. 域名　　　D. 密码　　　E. IP 地址
3. 在 DNS 服务器配置文件中，A 类资源记录表示（　　）。
   A. 一个 name server 的规范　　　　B. IP 地址到域名的映射
   C. 域名到 IP 地址的映射　　　　　D. 邮件交换记录
4. 在 Linux DNS 系统中，根服务器提示文件是（　　）。
   A. /etc/named.ca　　　　　　　　B. /var/named/named.ca
   C. /var/named/named.local　　　　D. /etc/named.local
5. DNS 指针记录的标志是（　　）。
   A. A　　　　　B. PTR　　　　C. MX　　　　D. NS
6. DNS 服务使用的端口是（　　）。
   A. TCP53　　　B. UDP53　　　C. TCP54　　　D. UDP54
7. 以下（　　）命令可以测试 DNS 服务器的工作情况。
   A. host　　　　B. nslookup　　　C. ifconfig　　　D. named
8. （　　）命令用于重启 DNS 服务。
   A. systemctl start named　　　　　B. systemctl status named
   C. systemctl enable named　　　　D. systemctl restart named
9. DNS 服务器的类型有（　　）。
   A. 主 DNS 服务器　　　　　　　B. 辅助 DNS 服务器
   C. 缓存服务器　　　　　　　　　D. 转发 DNS 服务器

二、填空题

1. 在 Internet 中互相通信的网络设备之间直接利用 IP 地址进行寻址，所以需要将用户提供的主机名转化成 IP 地址，把该过程称为_____。
2. DNS 顶级域名分为两类_____和_____。
3. DNS 顶级域名中表示教育机构的是_____。
4. _____表示主机资源记录，_____表示交换邮件记录。
5. _____和_____用来检测 DNS 资源创建是否正确。
6. DNS 服务器的查询模式有_____和_____。
7. 在 DNS 服务器之间的查询请求属于_____查询。

三、简答题

1. 简述 DNS 域名解析的工作过程。
2. 简述常用的资源记录有哪些？

单元 10　使用 DHCP 动态管理主机地址

单元导读

在网络中通过动态主机配置协议（Dynamic Host Configuration Protocol，DHCP）分配网络参数，可以避免出现 IP 地址冲突的现象，提高 IP 地址的利用率，提高配置效率，降低管理与维护成本。

本单元详细讲解了在 Linux 系统中配置部署 dhcpd 服务程序的方法，剖析了 dhcpd 服务程序配置文件内每个参数的作用，并通过自动分配 IP 地址、绑定 IP 地址与 MAC 地址等实验，让各位读者更直观地体会 DHCP 协议的强大之处。

学习目标

- 动态主机配置协议；
- 部署 dhcpd 服务程序；
- 自动管理 IP 地址；
- 分配固定 IP 地址。

10.1　动态主机配置协议

动态主机配置协议（DHCP）是一种基于 UDP 协议且仅限于在局域网内部使用的网络协议，主要用于大型的局域网环境或者存在较多移动办公设备的局域网环境中，其主要用途是为局域网内部的设备或网络供应商自动分配 IP 地址等参数。

简单来说，DHCP 协议就是让局域网中的主机自动获得网络参数的服务。在图 10-1 所示的拓扑图中存在多台主机，如果手动配置每台主机的网络参数会相当麻烦，之后的维护也让人头大。并且当机房内的主机数量进一步增加时，手动配置以及维护工作的工作量足以让运维人员崩溃。借助于 DHCP 协议，不仅可以为主机自动分配网络参数，还可以确保主机使用的 IP 地址是唯一的，更重要的是，还能为特定主机分配固定 IP 地址。

DHCP 协议的应用十分广泛，无论是服务器机房还是家庭、机场、咖啡馆，都会见到它的身影。比如，一家咖啡厅，在为顾客提供咖啡的同时，还为顾客免费提供无线上网服务。顾客可以一边喝咖啡，一边连着无线网络刷朋友圈。但是，咖啡厅老板肯定不希望（也没有时间）为每一位造访的顾客手动设置 IP 地址、子网掩码、网关地址等信息。另外，考虑到咖啡馆使用的内网网段一般为 192.168.10.0/24（C 类私有地址），最多能容纳的主机数为 200 多台。

而咖啡厅一天的客流量肯定不止 200 人。如果采用手动方式为他们分配 IP 地址，则当他们在离开咖啡厅时并不会自动释放这个 IP 地址，这就可能出现 IP 地址不够用的情况。这一方面会造成 IP 地址的浪费，另外一方面也增加了 IP 地址的管理成本。使用 DHCP 协议，这一切都迎刃而解——咖啡厅只需安心服务好顾客，为其提供美味的咖啡；顾客通过运行 DHCP 协议的服务器自动获得上网所需的 IP 地址，等离开咖啡厅时 IP 地址将被 DHCP 服务器收回，以备其他顾客使用。

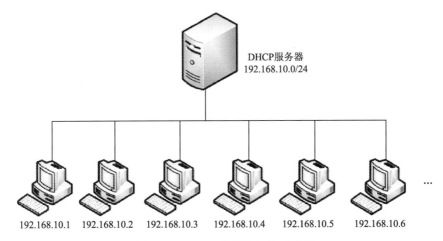

图 10-1　DHCP 协议的拓扑示意图

随着信息技术的发展，人们生活中能够利用网络的电子设备越来越多，下面简单介绍一下 DHCP 涉及的常见术语。

> 作用域：一个完整的 IP 地址段，DHCP 协议根据作用域管理网络的分布、分配 IP 地址及其他配置参数。
> 超级作用域：用于管理处于同一个物理网络中的多个逻辑子网段。超级作用域中包含了可以统一管理的作用域列表。
> 排除范围：把作用域中的某些 IP 地址排除，确保这些 IP 地址不会分配给 DHCP 客户端。
> 地址池：在定义了 DHCP 的作用域并应用了排除范围后，剩余的用来动态分配给 DHCP 客户端的 IP 地址范围。
> 租约：DHCP 客户端能够使用动态分配的 IP 地址的时间。
> 预约：保证网络中的特定设备总是获取到相同的 IP 地址。

10.2　部署 DHCP 服务程序

dhcpd 是 Linux 系统中用于提供 DHCP 协议的服务程序。dhcpd 服务程序的配置步骤十分简单，在很大程度上降低了在 Linux 中实现动态主机管理服务的门槛。

在确认 Yum 软件仓库配置妥当之后，安装 dhcpd 服务程序：

```
[root@studylinux ~]# yum install dhcp
Loaded plugins: langpacks, product-id, subscription-manager
```

```
This system is not registered to Red Hat Subscription Management. You can use
subscription-manager to register.
rhel | 4.1 kB 00:00
Resolving Dependencies
--> Running transaction check
---> Package dhcp.x86_64 12:4.2.5-27.el7 will be installed
--> Finished Dependency Resolution
Dependencies Resolved
================================================================================
 Package   Arch    Version        Repository  Size
================================================================================
Installing:
 dhcp   x86_64  12:4.2.5-27.el7  rhel    506 k
Transaction Summary
================================================================================
Install 1 Package
Total download size: 506 k
Installed size: 1.4 M
Is this ok [y/d/N]: y
Downloading packages:
Running transaction check
Running transaction test
Transaction test succeeded
Running transaction
  Installing : 12:dhcp-4.2.5-27.el7.x86_64    1/1
  Verifying  : 12:dhcp-4.2.5-27.el7.x86_64    1/1
Installed:
 dhcp.x86_64 12:4.2.5-27.el7
Complete!
```

dhcpd 服务程序的配置文件为/etc/dhcp/dncpd.conf，使用命令查看其内容。

```
[root@studylinux ~]# cat /etc/dhcp/dhcpd.conf
# DHCP Server Configuration file.
# see /usr/share/doc/dhcp*/dhcpd.conf.example
# see dhcpd.conf(5) man page
```

　　dhcp 的服务程序的配置文件中只有 3 行注释语句，这意味着需要自行编写这个文件。或者复制配置文件中第 2 行指定文件至此位置，覆盖原配置文件。其组成架构如图 10-2 所示。

　　一个标准的配置文件应该包括全局配置参数、子网网段声明、地址配置选项以及地址配置参数。其中，全局配置参数用于定义 dhcpd 服务程序的整体运行参数；子网网段声明用于配置整个子网段的地址属性。dhcpd 服务程序配置文件中使用的常见参数及作用见表 10-1。

单元 10 使用 DHCP 动态管理主机地址 149

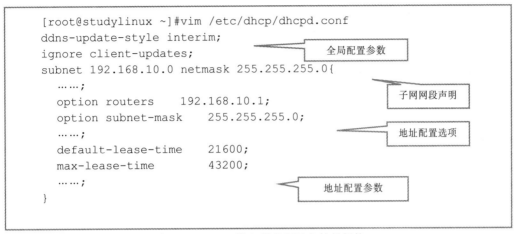

图 10-2 dhcpd 服务程序配置文件的架构

表 10-1 dhcpd 服务程序配置文件中使用的常见参数及作用

参 数	作 用
ddns-update-style [类型]	定义 DNS 服务动态更新的类型，类型包括 none（不支持动态更新）、interim（互动更新模式）与 ad-hoc（特殊更新模式）
[allow | ignore] client-updates	允许/忽略客户端更新 DNS 记录
default-lease-time [21600]	默认超时时间
max-lease-time [43200]	最大超时时间
option domain-name-servers [8.8.8.8]	定义 DNS 服务器地址
option domain-name ["domain.org"]	定义 DNS 域名
range	定义用于分配的 IP 地址池
option subnet-mask	定义客户端的子网掩码
option routers	定义客户端的网关地址
broadcase-address[广播地址]	定义客户端的广播地址
ntp-server[IP 地址]	定义客户端的网络时间服务器（NTP）
nis-servers[IP 地址]	定义客户端的 NIS 域服务器地址
Hardware[网卡物理地址]	指定网卡接口的类型与 MAC 地址
server-name[主机名]	向 DHCP 客户端通知 DHCP 服务器的主机名
fixed-address[IP 地址]	将某个固定的 IP 地址分配给指定主机
time-offset[偏移误差]	指定客户端与格林尼治时间的偏移差

10.3 自动管理 IP 地址

DHCP 协议的设计初衷是为了更高效地集中管理局域网内的 IP 地址资源。DHCP 服务器会自动把 IP 地址、子网掩码、网关、DNS 地址等网络信息分配给有需要的客户端，而且当客户端的租约时间到期后还可以自动回收所分配的 IP 地址，以便交给新加入的客户端。

模拟一个真实生产环境的需求：

"机房运营部门：明天会有 100 名学员自带笔记本计算机来公司培训学习，请保证他们能够使用机房的本地 DHCP 服务器自动获取 IP 地址并正常上网"。

机房所用的网络地址及参数信息见表 10-2。

表 10-2　机房所用的网络地址及参数信息

参数名称	值
默认租约时间	21 600 s
最大租约时间	43 200 s
IP 地址范围	192.168.10.50 ~ 192.168.10.150
子网掩码	255.255.255.0
网关地址	192.168.10.1
DNS 服务器地址	192.168.10.1
搜索域	linux.com

在了解了真实需求以及机房网络中的配置参数之后，按照表 10-3 配置 DHCP 服务器以及客户端。

表 10-3　DHCP 服务器以及客户端的配置信息

主机类型	操作系统	IP 地址
DHCP 服务器	RHEL 7	192.168.10.1
DHCP 客户端	RHEL 7	自动获取

前文讲到，作用域一般是个完整的 IP 地址段，而地址池中的 IP 地址才真正供客户端使用，因此地址池应该小于或等于作用域的 IP 地址范围。另外，由于 VMware Workstation 虚拟机软件自带 DHCP 服务，为了避免与自己配置的 dhcpd 服务程序产生冲突，应该先按照图 10-3 和图 10-4 所示将虚拟机软件自带的 DHCP 功能关闭。

随意开启几台客户端，准备进行验证。注意，必须保证 DHCP 客户端与服务器处于同一种网络模式——仅主机模式（Hostonly），否则就会产生物理隔离，而无法获取 IP 地址。建议实验中开启 1 ~ 3 台客户端虚拟机验证一下效果即可，以免物理主机的 CPU 和内存的负载太高。

图 10-3　选择"编辑"菜单中的"虚拟网络编辑器"命令

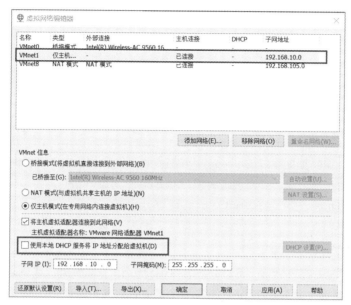

图 10-4 关闭虚拟机自带的 DHCP 功能

在确认 DHCP 服务器的 IP 地址等网络信息配置妥当后即可进行 dhcpd 服务程序的配置工作。按照系统规定，在配置 dhcpd 服务程序时，配置文件中的每行参数后面都需要以分号（;）结尾。

```
[root@studylinux ~]# vim /etc/dhcp/dhcpd.conf
ddns-update-style none;
ignore client-updates;
subnet 192.168.10.0 netmask 255.255.255.0 {
  range 192.168.10.50 192.168.10.150;
  option subnet-mask 255.255.255.0;
  option routers 192.168.10.1;
  option domain-name "linux.com";
  option domain-name-servers 192.168.10.1;
  default-lease-time 21600;
  max-lease-time 43200;
}
```

dhcpd 服务程序配置文件中使用的参数及作用见表 10-4。

表 10-4　dhcpd 服务程序配置文件中使用的参数及作用

参　　数	作　　用
ddns-update-style none;	设置 DNS 服务不自动进行动态更新
ignore client-updates;	忽略客户端更新 DNS 记录
subnet 192.168.10.0 netmask 255.255.255.0 {	作用域为 192.168.10.0/24 网段
range 192.168.10.50 192.168.10.150;	IP 地址池为 192.168.10.50～150（约 100 个 IP 地址）
option subnet-mask 255.255.255.0;	定义客户端默认的子网掩码
option routers 192.168.10.1;	定义客户端的网关地址
option domain-name "linux.com";	定义默认的搜索域

续表

参　　数	作　　用
option domain-name-servers 192.168.10.1;	定义客户端的 DNS 地址
default-lease-time 21600;	定义默认租约时间（单位：秒）
max-lease-time 43200;	定义最大预约时间（单位：秒）
}	结束符

在生产环境中，需要把配置过的 dhcpd 服务加入到开机启动项中，以确保当服务器下次开机后 dhcpd 服务依然能自动启动，并顺利地为客户端分配 IP 地址等信息。

```
[root@studylinux ~]# systemctl start dhcpd
[root@studylinux ~]# systemctl enable dhcpd
ln -s '/usr/lib/systemd/system/dhcpd.service' '/etc/systemd/system/multi-user.target.wants/dhcpd.service'
```

dhcpd 服务程序配置完成之后，可以开启客户端检验 IP 分配效果。客户端使用 Linux 操作系统，则在其网卡配置文件中，设置 BOOTPROTO=dhcp。重启客户端的网卡服务后即可看到自动分配的 IP 地址，如图 10-5 所示。

大家还可以再开启一台运行 Windows 系统的客户端进行验证，设置其网络参数为自动获取。其效果一样。

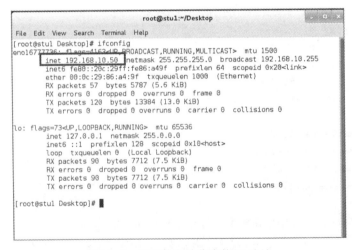

图 10-5　客户端自动获取的 IP 地址

10.4　分配固定 IP 地址

在 DHCP 协议中有个术语是"预约"，是用来确保局域网中特定设备总是获取到固定的 IP 地址。换句话说，就是 dhcpd 服务程序会把某个 IP 地址私藏下来，只将其用于相匹配的特定设备。

要想把某个 IP 地址与某台主机进行绑定，就需要用到这台主机的 MAC 地址。MAC 地址是网卡的一串独立标识符，具备唯一性，因此不会存在冲突的情况，如图 10-6 所示。

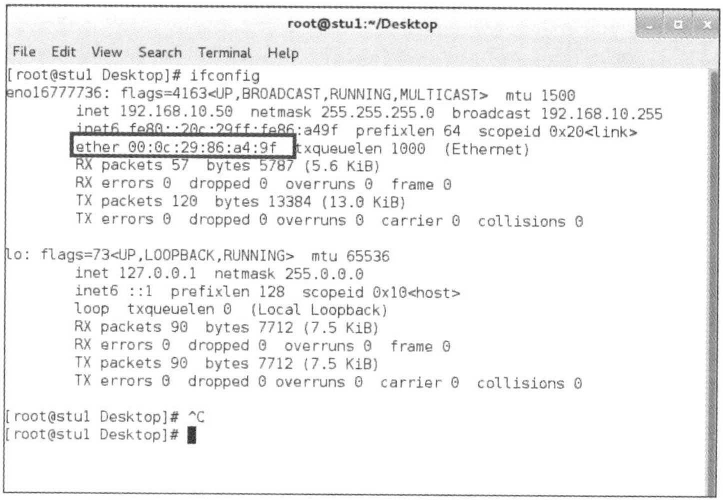

图 10-6　查看运行 Linux 系统的主机 MAC 地址

在 Linux 系统或 Windows 系统中，都可以通过查看网卡的状态来获知主机的 MAC 地址。在 dhcpd 服务程序的配置文件中，按照表 10-5 所示格式将 IP 地址与 MAC 地址进行绑定。

表 10-5　绑定 IP 地址与 MAC 地址

host 主机名称 {			
	hardware	ethernet	该主机的 MAC 地址；
	fixed-address	欲指定的 IP 地址；	
}			

如果不方便查看主机的 MAC 地址，该如何操作？例如，要给某台主机绑定 IP 地址。首先启动 dhcpd 服务程序，为主机分配一个 IP 地址，这样就会在 DHCP 服务器本地的日志文件中保存这次的 IP 地址分配记录。然后查看日志文件，即可获悉主机的 MAC 地址（即加粗的内容）。

```
[root@studylinux ~]# tail -f /var/log/messages
Mar 30 05:33:17 localhost dhcpd: Copyright 2004-2013 Internet Systems Consortium.
Mar 30 05:33:17 localhost dhcpd: All rights reserved.
Mar 30 05:33:17 localhost dhcpd: For info, please visit https://www.isc.org/software/dhcp/
Mar 30 05:33:17 localhost dhcpd: Not searching LDAP since ldap-server, ldap-port and ldap-base-dn were not specified in the config file
Mar 30 05:33:17 localhost dhcpd: Wrote 0 leases to leases file.
Mar 30 05:33:17 localhost dhcpd: Listening on LPF/eno16777728/00:0c:29:c4:a4:09/192.168.10.0/24
Mar 30 05:33:17 localhost dhcpd: Sending on LPF/eno16777728/00:0c:29:c4:a4:09/192.168.10.0/24
Mar 30 05:33:17 localhost dhcpd: Sending on Socket/fallback/fallback-net
```

```
Mar 30 05:33:26 localhost dhcpd: DHCPDISCOVER from 00:0c:29:86:a4:9f via eno16777728
Mar 30 05:33:27 localhost dhcpd: DHCPOFFER on 192.168.10.50 to 00:0c:29:86:a4:
9f(WIN-APSS1EANKLR) via eno16777728
Mar 30 05:33:29 localhost dhcpd: DHCPDISCOVER from 00:0c:29:86:a4:9f (WIN-
APSS1EANKLR) via eno16777728
Mar 30 05:33:29 localhost dhcpd: DHCPOFFER on 192.168.10.50 to 00:0c:29:86:a4:
9f (WIN-APSS1EANKLR) via eno16777728
Mar 30 05:33:29 localhost dhcpd: DHCPREQUEST for 192.168.10.50 (192.168.10.10)
From 00:0c:29:86:a4:9f (WIN-APSS1EANKLR) via eno16777728
Mar 30 05:33:29 localhost dhcpd: DHCPACK on 192.168.10.50 to 00:0c:29:86:a4:9f
(WIN-APSS1EANKLR) via eno16777728
```

注意：在 Windows 系统中查看 MAC 地址，其格式类似于 00-0c-29-86-a4-9f，间隔符为减号 (-)。但是在 Linux 系统中，MAC 地址的间隔符则变成了冒号 (:)。

```
[root@studylinux ~]# vim /etc/dhcp/dhcpd.conf
1 ddns-update-style none;
2 ignore client-updates;
3 subnet 192.168.10.0 netmask 255.255.255.0 {
4 range 192.168.10.50 192.168.10.150;
5 option subnet-mask 255.255.255.0;
6 option routers 192.168.10.1;
7 option domain-name "linux.com";
8 option domain-name-servers 192.168.10.1;
9 default-lease-time 21600;
10 max-lease-time 43200;
11 host linux {
12 hardware ethernet 00:0c:29:86:a4:9f;
13 fixed-address 192.168.10.88;
14 }
15 }
```

确认参数填写正确后即可保存退出配置文件，然后重启 dhcpd 服务程序。

```
[root@studylinux ~]# systemctl restart dhcpd
```

需要说明的是，如果刚刚为这台主机分配了 IP 地址，则其 IP 地址租约时间还没有到期，因此不会立即换成新绑定的 IP 地址。要想立即查看绑定效果，则需要重启客户端的网络服务，如图 10-7 所示。

默认状态下，dhcpd 服务会将日志保存在/var/log/messages 文件中，如果遇到服务器故障问题，可以检查该文件。网络参数租期文件为/var/lib/dhcpd/dhcpd.leases，可以通过检查该文件查看服务器已经分配的资源及相关租期信息。

单元10 使用DHCP动态管理主机地址 | 155

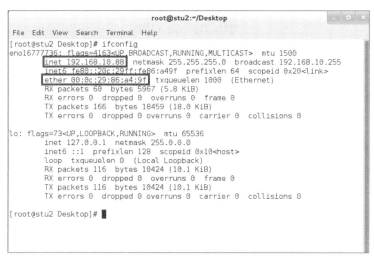

图 10-7　重启客户端的网络服务查看绑定效果

10.5　常见问题分析

1．错误信息：　/etc/dhcp/dhcpd.conf line 4:semicolon expected.

该提示信息说明主配置文件第 4 行左右的位置缺少分号，DHCP 主配置文件语法格式要求所有选项最后都要有分号结束符。

2．错误信息：Not configured to listen on any interfaces!

该提示信息说明没有检测到任何有效的网络接口配置，一般是 DHCP 服务器本地的网络参数没有配置导致的错误。

3．错误信息：If this is not what you want, please write a subnet declaration in your dhcpd.conf file for the network segment to which interface eno16777736 is attached.

该提示信息说明主配置文件中的子网定义错误，一般是在配置文件中的子网定义没有与 DHCP 服务器处于相同的网络，比如服务器本地 IP 地址为 192.168.10.10，而配置文件中仅定义了一个子网是 172.16.0.0/16 网络，此时会出现该报错信息。主配置文件可以定义为多个子网分配网络参数，但至少要有一个与服务器本地是同网络的子网定义。

4．错误信息：DHCPDISCOVER from 00:0c:29:00:5f:17 via eno16777736:network 172.16.0.0/16:no free leases.

该提示信息说明 MAC 地址为 00:0c:29:00:5f:17 的主机向 DHCP 服务器申请网络参数资源，但服务器地址池中的资源已经全部被分配出去了，没有剩余的资源可以分配。

5．错误信息：/etc/dhcp/dhcpd.conf line 18:host fileserver:already exists.

该提示信息说明主配置文件第 18 行的位置定义的 host fileserver 已经存在。在 DHCP 配置文件中，host 定义的主机名称要求是唯一的、不能有重复的主机名称。

单 元 实 训

【实训目的】
- 掌握 DHCP 服务的工作原理；
- 掌握 DHCP 服务器的安装与部署。

【实训内容】

某企业计划构建一台 DHCP 服务器来解决 IP 地址动态分配的问题，要求能够分配 IP 地址以及网关、DNS 等其他网络属性信息，同时要求 DHCP 服务器为 DNS、Web、Samba 服务器分配固定 IP 地址。该企业网络拓扑图如图 10-8 所示。

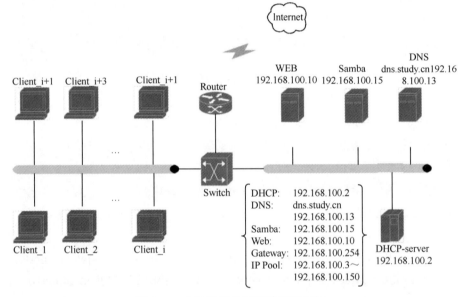

图 10-8　DHCP 服务器搭建网络拓扑

企业 DHCP 服务器 IP 地址为 192.168.100.2。DNS 服务器的域名为 dns.study.cn，IP 地址为 192.168.100.13；Web 服务器 IP 地址为 192.168.100.10；Samba 服务器 IP 地址为 192.168.100.15；网关地址为 192.168.100.254；地址范围为 192.168.100.3~192.168.100.150，子网掩码为 255.255.255.0。

单 元 习 题

一、选择题

1. TCP/IP 中，DHCP 协议可以用来（　　）。
   A. 自动分配 IP 地址　　　　　　　　B. 为指定的计算机分配固定的 IP 地址
   C. 解析域名　　　　　　　　　　　　D. 提供 Web 服务

2. DHCP 服务中，Linux 客户端需要修改网卡配置文件，修改（   ）。
   A. onboot=yes   B. bootproto=dhcp
   C. prefix=yes   D. /etc/dhcpd/dhcpd.conf
3. DHCP 的主配置文件是（   ）。
   A. /etc/dhcpd.com   B. /etc/dhcp.conf
   C. /etc/dhcp/dhcp.conf   D. /etc/dhcpd/dhcpd.conf
4. 重启 DHCP 服务器后，运行（   ）命令可以查看 DHCP 服务器状态。
   A. systemctl restart dhcpd   B. systemctl start dhcpd
   C. systemctl status dhcpd   D. systemctl enabled dhcpd
5. 在 Windows 操作系统下，可以使用（   ）命令查看 IP 地址配置；在 Linux 操作系统下，可以使用（   ）命令实现同一功能。
   A. ipconfig   ifconfig   B. ifconfig   ping
   C. router   ping   D. ifconfig   ipconfig

二、填空题

1. DHCP 工作过程包括_____、_____、_____、_____。
2. DHCP 是一个自动为主机分配网络参数的 TCP/IP 标准协议，英文全称为_____，中文名称为_____。
3. 客户端会在它的 IP 地址租用期到了_____以上时，更新该租期，此时客户端将发送一个_____信息包给它所获得原始信息的服务器。
4. 当租期达到期满时间的近_____时，客户端如果在前一次请求中没能更新租用期的话，它会再次试图更新租用期。
5. DHCP 服务器可以为客户端分配_____、_____、_____等网络参数。

三、简答题

1. 简述 IP 地址租约建立和更新的全过程。
2. 简述 DHCP 服务器的工作过程。

单元 11　使用 vsftpd 服务传输文件

单元导读

文件传输协议（File Transfer Protocol，FTP）是 Internet 中应用广泛的服务之一，主要用于在 Internet 上任意主机之间相互传输文件。

本单元中，主要介绍 FTP 相关知识，以及如何部署 vsftpd 服务程序，深度剖析了 vsftpd 主配置文件中最常用的参数及其作用，并完整演示了 vsftpd 服务程序三种认证模式（匿名开放模式、本地用户模式、虚拟用户模式）的配置方法。读者将通过本单元的实训内容进一步练习 SELinux 服务的配置方法，掌握简单文件传输协议（Trivial File Transfer Protocol，TFTP）的理论及配置方法。

学习目标

- 文件传输协议；
- vsftpd 服务程序；
- 简单文件传输协议。

11.1　文件传输协议

人们将计算机联网的首要目的是获取资料，而文件传输是一种非常重要的获取资料的方式。今天的互联网是由几千万台个人计算机、工作站、服务器、小型机、大型机、巨型机等具有不同型号、不同架构的物理设备共同组成的，即便是个人计算机，也可能会装有 Windows、Linux、UNIX、Mac 等不同的操作系统。文件传输协议（FTP）就是为了解决在复杂多样的设备之间文件传输问题而诞生的。FTP 服务器普遍部署于内网中，具有容易部署、方便管理的特点。并且有些 FTP 客户端工具还可以支持文件的多点下载以及断点续传技术，因此 FTP 服务得到了广大用户的青睐。

FTP 基于客户端/服务器模式，是在互联网中进行文件传输的协议，默认使用 20、21 号端口，其中端口 20（数据端口）用于进行数据传输，端口 21（命令端口）用于接受客户端发出的相关 FTP 命令与参数。FTP 协议的传输拓扑如图 11-1 所示。

图 11-1　FTP 协议的传输拓扑

FTP 服务器是按照 FTP 协议在互联网上提供文件存储和访问服务的主机，FTP 客户端则是向服务器发送连接请求，以建立数据传输链路的主机。FTP 协议有下面两种工作模式。

> 主动模式：FTP 服务器主动向客户端发起连接请求。
> 被动模式：FTP 服务器等待客户端发起连接请求（FTP 的默认工作模式）。

vsftpd（very secure ftp daemon，非常安全的 FTP 守护进程）是一款运行在 Linux 操作系统上的 FTP 服务程序，不仅完全开源而且免费，此外，还具有很高的安全性、传输速度，以及支持虚拟用户验证等其他 FTP 服务程序不具备的特点。

配置妥当 Yum 软件仓库后即可安装 vsftpd 服务程序。

```
[root@studylinux ~]# yum install vsftpd
Loaded plugins: langpacks, product-id, subscription-manager
………………省略部分输出信息………………
================================================================================
Package    Arch    Version      Repository   Size
================================================================================
Installing:
vsftpd     x86_64  3.0.2-9.el7  rhel         166 k
Transaction Summary
================================================================================
Install  1 Package
Total download size: 166 k
Installed size: 343 k
Is this ok [y/d/N]: y
Downloading packages:
Running transaction check
Running transaction test
Transaction test succeeded
Running transaction
  Installing : vsftpd-3.0.2-9.el7.x86_64   1/1
  Verifying  : vsftpd-3.0.2-9.el7.x86_64   1/1
Installed:
  vsftpd.x86_64 0:3.0.2-9.el7
Complete!
```

iptables 防火墙管理工具默认禁止了 FTP 传输协议的端口号，因此在正式配置 vsftpd 服务程序之前，为了避免这些默认的防火墙策略"捣乱"，还需要清空 iptables 防火墙的默认策略，并把当前已经被清理的防火墙策略状态保存下来：

```
[root@studylinux ~]# iptables -F
[root@studylinux ~]# service iptables save
iptables: Saving firewall rules to /etc/sysconfig/iptables:[ OK ]
```

vsftpd 服务程序的主配置文件/etc/vsftpd/vsftpd.conf 内容总长度达到 123 行，但其中大多数行以"#"开头，是注释信息。可以使用 grep 命令及其-v 参数，过滤掉所有注释信息，并反选出没有包含"#"的参数行，然后将过滤后的参数行通过输出重定向符写回原始的主配置文件中：

```
[root@studylinux ~]# mv /etc/vsftpd/vsftpd.conf /etc/vsftpd/vsftpd.conf_bak
[root@studylinux ~]# grep -v "#" /etc/vsftpd/vsftpd.conf_bak > /etc/vsftpd/vsftpd.conf
[root@studylinux ~]# cat /etc/vsftpd/vsftpd.conf
anonymous_enable=YES
```

```
local_enable=YES
write_enable=YES
local_umask=022
dirmessage_enable=YES
xferlog_enable=YES
connect_from_port_20=YES
xferlog_std_format=YES
listen=NO
listen_ipv6=YES
pam_service_name=vsftpd
userlist_enable=YES
tcp_wrappers=YES
```

vsftpd 服务程序主配置文件中常用参数及作用见表 11-1。

表 11-1 vsftpd 服务程序主配置文件中常用参数及作用

参 数	作 用
listen=[YES|NO]	是否以独立运行的方式监听服务
listen_address=IP 地址	设置要监听的 IP 地址
listen_port=21	设置 FTP 服务的监听端口
download_enable = [YES|NO]	是否允许下载文件
userlist_enable=[YES|NO] userlist_deny=[YES|NO]	设置用户列表为"允许"还是"禁止"操作
max_clients=0	最大客户端连接数,0 为不限制
max_per_ip=0	同一 IP 地址的最大连接数,0 为不限制
anonymous_enable=[YES|NO]	是否允许匿名用户访问
anon_upload_enable=[YES|NO]	是否允许匿名用户上传文件
anon_umask=022	匿名用户上传文件的 umask 值
anon_root=/var/ftp	匿名用户的 FTP 根目录
anon_mkdir_write_enable=[YES|NO]	是否允许匿名用户创建目录
anon_other_write_enable=[YES|NO]	是否开放匿名用户的其他写入权限(包括重命名、删除等操作权限)
anon_max_rate=0	匿名用户的最大传输速率(B/s),0 为不限制
local_enable=[YES|NO]	是否允许本地用户登录 FTP
local_umask=022	本地用户上传文件的 umask 值
local_root=/var/ftp	本地用户的 FTP 根目录
chroot_local_user=[YES|NO]	是否将用户权限禁锢在 FTP 目录,以确保安全
local_max_rate=0	本地用户最大传输速率(B/s),0 为不限制

11.2 vsftpd 服务程序

vsftpd 允许用户以三种认证模式登录到 FTP 服务器上。

➢ 匿名开放模式：是一种最不安全的认证模式，任何人都可以无须密码验证而直接登录到 FTP 服务器。

➢ 本地用户模式：是通过 Linux 系统本地的账户密码信息进行认证的模式，相较于匿名开放模式更安全，而且配置起来也很简单。但是如果被黑客破解了账户的信息，就可以畅通无阻地登录 FTP 服务器，从而完全控制整台服务器。

➢ 虚拟用户模式：是这三种模式中最安全的一种认证模式，它需要为 FTP 服务单独建立用户数据库文件，虚拟出用来进行口令验证的账户信息，而这些账户信息在服务器系统中实际上是不存在的，仅供 FTP 服务程序进行认证使用。这样，即使黑客破解了账户信息也无法登录服务器，从而有效降低了破坏范围和影响。

ftp 是 Linux 系统中以命令行界面的方式来管理 FTP 传输服务的客户端工具。首先手动安装 ftp 客户端工具，以便在后续实验中查看结果。

```
[root@studylinux ~]# yum install ftp
Loaded plugins: langpacks, product-id, subscription-manager
…………省略部分输出信息…………
Installing:
 ftp    x86_64    0.17-66.el7    rhel    61 k
Transaction Summary
================================================================================
Install  1 Package
Total download size: 61 k
Installed size: 96 k
Is this ok [y/d/N]: y
Downloading packages:
Running transaction check
Running transaction test
Transaction test succeeded
Running transaction
  Installing : ftp-0.17-66.el7.x86_64    1/1
  Verifying  : ftp-0.17-66.el7.x86_64    1/1
Installed:
  ftp.x86_64 0:0.17-66.el7
Complete!
```

11.2.1 匿名开放模式

在 vsftpd 服务程序中，匿名开放模式是最不安全的一种认证模式。任何人无须密码即可直接登录到 FTP 服务器。这种模式一般用来访问不重要的公开文件。当然，如果采用防火墙管理工具（如 Tcp_wrappers 服务程序）将 vsftpd 服务程序允许访问的主机范围设置为企业内网，也可以提供基本的安全性。

vsftpd 服务程序默认开启了匿名开放模式，用户只需开放匿名用户上传、下载文件的权限，以及让匿名用户创建、删除、重命名文件的权限。针对匿名用户放开这些权限会带来潜在危险，在生产环境中不建议如此设置。向匿名用户开放的权限参数及作用见表 11-2。

表 11-2　向匿名用户开放的权限参数及作用

参　　数	作　　用
anonymous_enable=YES	允许匿名访问模式
anon_umask=022	匿名用户上传文件的 umask 值
anon_upload_enable=YES	允许匿名用户上传文件
anon_mkdir_write_enable=YES	允许匿名用户创建目录
anon_other_write_enable=YES	允许匿名用户修改目录名称或删除目录

```
[root@studylinux ~]# vim /etc/vsftpd/vsftpd.conf
1  anonymous_enable=YES
2  anon_umask=022
3  anon_upload_enable=YES
4  anon_mkdir_write_enable=YES
5  anon_other_write_enable=YES
6  local_enable=YES
7  write_enable=YES
8  local_umask=022
9  dirmessage_enable=YES
10 xferlog_enable=YES
11 connect_from_port_20=YES
12 xferlog_std_format=YES
13 listen=NO
14 listen_ipv6=YES
15 pam_service_name=vsftpd
16 userlist_enable=YES
17 tcp_wrappers=YES
```

在 vsftpd 服务程序的主配置文件中正确填写参数，然后保存并退出。重启 vsftpd 服务程序，让新的配置参数生效。将服务程序加入到开机启动项中，以保证服务器在重启后依然能够正常提供传输服务：

```
[root@studylinux ~]# systemctl restart vsftpd
[root@studylinux ~]# systemctl enable vsftpd
ln -s '/usr/lib/systemd/system/vsftpd.service' '/etc/systemd/system/multi-user.target.wants/vsftpd.service'
```

接下来，可以在客户端执行 ftp 命令连接到远程的 FTP 服务器。在 vsftpd 服务程序的匿名开放认证模式下，账户统一为 anonymous，密码为空。在连接到 FTP 服务器后，默认访问的是/var/ftp 目录。可以切换到该目录下的 pub 目录中，尝试创建一个新的目录文件，以检验是否拥有写入权限：

```
[root@studylinux ~]# ftp 192.168.10.10
Connected to 192.168.10.10 (192.168.10.10).
220 (vsFTPd 3.0.2)
Name (192.168.10.10:root): anonymous
331 Please specify the password.
Password:此处按【Enter】键即可
230 Login successful.
Remote system type is UNIX.
Using binary mode to transfer files.
ftp> cd pub
```

```
250 Directory successfully changed.
ftp> mkdir files
550 Permission denied.
```

系统显示拒绝创建目录！回顾实验步骤，之前已经清空了 iptables 防火墙策略，并且在 vsftpd 服务程序的主配置文件中添加了允许匿名用户创建目录和写入文件的权限。

前文提到，在 vsftpd 服务程序的匿名开放认证模式下，默认访问的是/var/ftp 目录。查看该目录的权限得知，只有 root 管理员才有写入权限。所以系统拒绝操作。

下面将目录的所有者身份改成系统账户 ftp，再次进行验证：

```
[root@studylinux ~]# ls -ld /var/ftp/pub
drwxr-xr-x. 3 root root 16 Jul 13 14:38 /var/ftp/pub
[root@studylinux ~]# chown -Rf ftp /var/ftp/pub
[root@studylinux ~]# ls -ld /var/ftp/pub
drwxr-xr-x. 3 ftp root 16 Jul 13 14:38 /var/ftp/pub
[root@studylinux ~]# ftp 192.168.10.10
Connected to 192.168.10.10 (192.168.10.10).
220 (vsFTPd 3.0.2)
Name (192.168.10.10:root): anonymous
331 Please specify the password.
Password:此处按【Enter】键即可
230 Login successful.
Remote system type is UNIX.
Using binary mode to transfer files.
ftp> cd pub
250 Directory successfully changed.
ftp> mkdir files
550 Create directory operation failed.
```

系统再次报错！修改目录的所有者后，再创建目录时系统依然提示操作失败，报错信息发生了变化。在没有写入权限时，系统提示"权限拒绝"（Permission denied），所以怀疑是权限的问题。但现在系统提示"创建目录的操作失败"（Create directory operation failed），应该是 SELinux 服务在"捣乱"。

下面使用 getsebool 命令查看与 FTP 相关的 SELinux 域策略：

```
[root@studylinux ~]# getsebool -a | grep ftp
ftp_home_dir --> off
ftpd_anon_write --> off
ftpd_connect_all_unreserved --> off
ftpd_connect_db --> off
ftpd_full_access --> off
ftpd_use_cifs --> off
ftpd_use_fusefs --> off
ftpd_use_nfs --> off
ftpd_use_passive_mode --> off
httpd_can_connect_ftp --> off
httpd_enable_ftp_server --> off
sftpd_anon_write --> off
sftpd_enable_homedirs --> off
sftpd_full_access --> off
```

```
sftpd_write_ssh_home --> off
tftp_anon_write --> off
tftp_home_dir --> off
```

根据经验和策略的名称判断出是 ftpd_full_access--> off 策略规则导致操作失败。接下来修改该策略规则，并且在设置时使用-P参数让修改过的策略永久生效，确保在服务器重启后依然能够顺利写入文件。

```
[root@studylinux ~]# setsebool -P ftpd_full_access=on
```

现在即可顺利执行文件的创建、修改及删除等操作。

```
[root@studylinux ~]# ftp 192.168.10.10
Connected to 192.168.10.10 (192.168.10.10).
220 (vsFTPd 3.0.2)
Name (192.168.10.10:root): anonymous
331 Please specify the password.
Password:此处按【Enter】键即可
230 Login successful.
Remote system type is UNIX.
Using binary mode to transfer files.
ftp> cd pub
250 Directory successfully changed.
ftp> mkdir files
257 "/pub/files" created
ftp> rename files database
350 Ready for RNTO.
250 Rename successful.
ftp> rmdir database
250 Remove directory operation successful.
ftp> exit
221 Goodbye.
```

11.2.2 本地用户模式

相较于匿名开放模式，本地用户模式要更安全，而且配置起来也很简单。如果大家之前用的是匿名开放模式，现在可以将其关闭，然后开启本地用户模式。针对本地用户模式的权限参数及作用见表 11-3。

表 11-3 本地用户模式使用的权限参数及作用

参　　数	作　　用
anonymous_enable=NO	禁止匿名访问模式
local_enable=YES	允许本地用户模式
write_enable=YES	设置可写权限
local_umask=022	本地用户模式创建文件的 umask 值
userlist_enable=YES	启用"禁止用户名单"，名单文件为 ftpusers 和 user_list
userlist_deny=YES	开启用户作用名单文件功能

```
[root@studylinux ~]# vim /etc/vsftpd/vsftpd.conf
1 anonymous_enable=NO
2 local_enable=YES
```

```
3  write_enable=YES
4  local_umask=022
5  dirmessage_enable=YES
6  xferlog_enable=YES
7  connect_from_port_20=YES
8  xferlog_std_format=YES
9  listen=NO
10 listen_ipv6=YES
11 pam_service_name=vsftpd
12 userlist_enable=YES
13 tcp_wrappers=YES
```

在 vsftpd 服务程序的主配置文件中正确填写参数，然后保存并退出。

重启 vsftpd 服务程序，让新的配置参数生效。将配置好的服务添加到开机启动项中，以便在系统重启后依然可以正常使用 vsftpd 服务。

```
[root@studylinux ~]# systemctl restart vsftpd
[root@studylinux ~]# systemctl enable vsftpd
ln -s '/usr/lib/systemd/system/vsftpd.service' '/etc/systemd/system/multi-user.target.wants/vsftpd.service
```

按理来讲，现在已经完全可以本地用户的身份登录 FTP 服务器。但是在使用 root 管理员登录后，系统提示如下错误信息：

```
[root@studylinux ~]# ftp 192.168.10.10
Connected to 192.168.10.10 (192.168.10.10).
220 (vsFTPd 3.0.2)
Name (192.168.10.10:root): root
530 Permission denied.
Login failed.
ftp>
```

可见，在输入 root 管理员的密码之前，就已经被系统拒绝访问了。这是因为 vsftpd 服务程序所在的目录中默认存放着两个名为"用户名单"的文件（ftpusers 和 user_list）。vsftpd 服务程序目录中的这两个文件也有类似的功能——只要其中写有某位用户的名字，就不再允许这位用户登录到 FTP 服务器。

```
[root@studylinux ~]# cat /etc/vsftpd/user_list
1  # vsftpd userlist
2  # If userlist_deny=NO, only allow users in this file
3  # If userlist_deny=YES (default), never allow users in this file, and
4  # do not even prompt for a password.
5  # Note that the default vsftpd pam config also checks /etc/vsftpd/ftpusers
6  # for users that are denied.
7  root
8  bin
9  daemon
10 adm
11 lp
12 sync
13 shutdown
14 halt
```

```
    15 mail
    16 news
    17 uucp
    18 operator
    19 games
    20 nobody
[root@studylinux ~]# cat /etc/vsftpd/ftpusers
# Users that are not allowed to login via ftp
    1 root
    2 bin
    3 daemon
    4 adm
    5 lp
    6 sync
    7 shutdown
    8 halt
    9 mail
    10 news
    11 uucp
    12 operator
    13 games
    14 nobody
```

vsftpd 服务程序为了保证服务器的安全性而默认禁止了 root 管理员和大多数系统用户的登录行为，这样可以有效地避免黑客通过 FTP 服务对 root 管理员密码进行暴力破解。如果能够确认在生产环境中使用 root 管理员不会对系统安全产生影响，只需按照上面的提示删除掉 root 用户名即可。

选择 ftpusers 和 user_list 文件中没有的一个普通用户尝试登录 FTP 服务器：

```
[root@studylinux ~]# ftp 192.168.10.10
Connected to 192.168.10.10 (192.168.10.10).
220 (vsFTPd 3.0.2)
Name (192.168.10.10:root): study
331 Please specify the password.
Password:此处输入该用户的密码
230 Login successful.
Remote system type is UNIX.
Using binary mode to transfer files.
ftp> mkdir files
250 Remove directory operation successful.
ftp> exit
221 Goodbye.
```

在采用本地用户模式登录 FTP 服务器后，默认访问的是该用户的家目录，也就是说，访问的是 /home/linux 目录。而且该目录的默认所有者、所属组都是该用户自己，因此不存在写入权限不足的情况。

如果当前的操作仍然被拒绝，需要考虑 SELinux 域中对 FTP 服务的允许策略是否开启：

```
[root@studylinux ~]# getsebool -a | grep ftp
ftp_home_dir --> off
ftpd_anon_write --> off
ftpd_connect_all_unreserved --> off
```

```
ftpd_connect_db --> off
ftpd_full_access --> off
ftpd_use_cifs --> off
ftpd_use_fusefs --> off
ftpd_use_nfs --> off
ftpd_use_passive_mode --> off
httpd_can_connect_ftp --> off
httpd_enable_ftp_server --> off
sftpd_anon_write --> off
sftpd_enable_homedirs --> off
sftpd_full_access --> off
sftpd_write_ssh_home --> off
tftp_anon_write --> off
tftp_home_dir --> off
[root@studylinux ~]# setsebool -P ftpd_full_access=on
```

配置妥当后再使用本地用户尝试登录 FTP 服务器，分别执行文件的创建、重命名及删除等命令。

11.2.3 虚拟用户模式

FTP 服务器的搭建过程并不复杂，按照服务器的用途合理规划相关配置即可。若 FTP 服务器不对互联网上的所有用户开放，关闭匿名访问，开启本地账号登录或者虚拟用户模式即可。在实际工作中，为避免潜在危险，可配置使用虚拟用户模式。虚拟用户模式是指将虚拟账号映射为服务器的实体账号，客户端使用虚拟账号访问 FTP 服务器，是最安全的一种认证模式，其配置流程稍微复杂一些。

在下面的实验中，使用虚拟账号 user1、user2 登录 FTP 服务器，访问主目录/var/ftproot，用户只有查看文件的权限，不允许上传、修改、删除等操作。步骤如下：

第 1 步：创建用户数据库文件。

① 新建文件 vuser.txt，用于保存虚拟账号及密码，其中奇数行为账户名，偶数行为密码。例如，分别创建 user1 和 user2 两个用户，密码均为 root：

```
[root@studylinux ~]# cd /etc/vsftpd/
[root@studylinux vsftpd]# vim vuser.txt
user1
root
user2
root
```

② 生成用户数据库文件。在上述文件中，用户名及密码均使用明文信息，既不安全，也无法被 vsftpd 服务程序直接调用，因此需要使用 db_load 命令用哈希（hash）算法将原始的明文信息文件转换成数据库文件。

```
[root@studylinux vsftpd]# db_load -T -t hash -f vuser.txt vuser.db
[root@studylinux vsftpd]# file vuser.db
vuser.db: Berkeley DB (Hash, version 9, native byte-order)
```

③ 修改数据库文件的权限，删除原始的明文信息文件。

```
[root@studylinux vsftpd]# chmod 600 vuser.db
[root@studylinux vsftpd]# rm -f vuser.txt
```

第 2 步：创建虚拟用户映射的系统本地用户。

Linux 系统中的每一个文件都有所有者、所属组属性。如果使用虚拟账户 "张三风" 新建了一个文件，但是系统中找不到账户 "张三风"，就会导致该文件的权限出现错误。为此，需要再创建一个可以映射到虚拟用户的系统本地用户。简单来说，就是让虚拟用户默认登录到与之有映射关系的这个系统本地用户的家目录中，虚拟用户创建的文件的属性也都归属于该系统本地用户，从而避免 Linux 系统无法处理虚拟用户所创建文件的属性权限。

为方便管理 FTP 服务器上的数据，把这个系统本地用户的家目录设置为 /var 目录。并且为安全起见，将该系统本地用户设置为不允许登录 FTP 服务器，这不会影响虚拟用户登录，而且还可以避免黑客通过该系统本地用户进行登录。

```
[root@studylinux ~]# useradd -d /var/ftproot -s /sbin/nologin vuser
[root@studylinux ~]# ls -ld /var/ftproot/
drwx------. 3 vuser vuser 74 Jul 14 17:50 /var/ftproot/
[root@studylinux ~]# chmod -Rf 755 /var/ftproot/
```

第 3 步：建立用于支持虚拟用户的 PAM 文件。

PAM（Plugable Authentication Module，可插拔认证模块）是一种认证机制，系统管理员可以用来方便地调整服务程序的认证方式，而不必对应用程序进行任何修改。PAM 模块的配置文件路径为 /etc/pam.d，该目录下保存着大量与认证有关的配置文件，并以服务名称命名。PAM 采取了分层设计（应用程序层、应用接口层、鉴别模块层）的思想，其结构如图 11-2 所示。

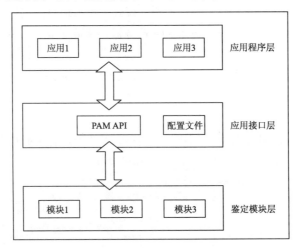

图 11-2 PAM 的分层设计结构

新建一个用于虚拟用户认证的 PAM 文件 vsftpd.vu，其中 PAM 文件内的 "db=" 参数为使用 db_load 命令生成的账户密码数据库文件的路径，但无须写数据库文件的扩展名：

```
[root@studylinux ~]# vim /etc/pam.d/vsftpd.vu
auth       required     pam_userdb.so db=/etc/vsftpd/vuser
account    required     pam_userdb.so db=/etc/vsftpd/vuser
```

第 4 步：修改 /etc/vsftpd/vsftpd.conf。

在 vsftpd 服务程序的主配置文件中通过 pam_service_name 参数将 PAM 认证文件的名称修改为 vsftpd.vu，PAM 作为应用程序层与鉴别模块层的连接纽带，可以让应用程序根据需求灵活地在自身插入所需的鉴别功能模块。当应用程序需要 PAM 认证时，则需要在应用程序中定义负责认证的 PAM 配置文件，实现所需的认证功能。

例如，在 vsftpd 服务程序的主配置文件中默认就带有参数 pam_service_name=vsftpd，表示登录 FTP 服务器时是根据/etc/pam.d/vsftpd 文件进行安全认证的。将 vsftpd 主配置文件中原有的 PAM 认证文件 vsftpd 修改为新建的 vsftpd.vu 文件。该操作中用到的参数以及作用见表 11-4。

表 11-4 利用 PAM 文件进行认证时使用的参数以及作用

参 数	作 用
anonymous_enable=NO	禁止匿名开放模式
local_enable=YES	允许本地用户模式
guest_enable=YES	开启虚拟用户模式
guest_username=vuser	指定虚拟用户账户
pam_service_name=vsftpd.vu	指定 PAM 文件
allow_writeable_chroot=YES	允许对禁锢的 FTP 根目录执行写入操作，而且不拒绝用户的登录请求

```
[root@studylinux ~]# vim /etc/vsftpd/vsftpd.conf
1  anonymous_enable=NO
2  local_enable=YES
3  guest_enable=YES
4  guest_username=vuser
5  allow_writeable_chroot=YES
6  write_enable=YES
7  local_umask=022
8  dirmessage_enable=YES
9  xferlog_enable=YES
10 connect_from_port_20=YES
11 xferlog_std_format=YES
12 listen=NO
13 listen_ipv6=YES
14 pam_service_name=vsftpd.vu
15 userlist_enable=YES
16 tcp_wrappers=YES
```

重启 vsftpd 服务程序并将该服务添加到开机启动项中：

```
[root@studylinux ~]# systemctl restart vsftpd
[root@studylinux ~]# systemctl enable vsftpd
ln -s '/usr/lib/systemd/system/vsftpd.service' '/etc/systemd/system/multi-user.target.wants/vsftpd.service
```

第 5 步：设置 SELinux 域允许策略，然后使用虚拟用户模式登录 FTP 服务器。

```
[root@studylinux ~]# getsebool -a | grep ftp
ftp_home_dir -> off
ftpd_anon_write -> off
ftpd_connect_all_unreserved -> off
ftpd_connect_db -> off
ftpd_full_access -> off
ftpd_use_cifs -> off
ftpd_use_fusefs -> off
ftpd_use_nfs -> off
```

```
ftpd_use_passive_mode -> off
httpd_can_connect_ftp -> off
httpd_enable_ftp_server -> off
sftpd_anon_write -> off
sftpd_enable_homedirs -> off
sftpd_full_access -> off
sftpd_write_ssh_home -> off
tftp_anon_write -> off
tftp_home_dir -> off
[root@studylinux ~]# setsebool -P ftpd_full_access=on
```

可以使用虚拟用户模式成功登录到 FTP 服务器，或者分别使用账户 user1 和 user2 来检验其权限。

```
[root@studylinux ~]# ftp 192.168.10.10
Connected to 192.168.10.10 (192.168.10.10).
220 (vsFTPd 3.0.2)
Name (192.168.10.10:root): user2
331 Please specify the password.
Password:此处输入虚拟用户的密码
230 Login successful.
Remote system type is UNIX.
Using binary mode to transfer files.
ftp> mkdir files
550 Permission denied.
ftp> exit
221 Goodbye.

[root@studylinux ~]# ftp 192.168.10.10
Connected to 192.168.10.10 (192.168.10.10).
220 (vsFTPd 3.0.2)
Name (192.168.10.10:root): user1
331 Please specify the password.
Password:此处输入虚拟用户的密码
230 Login successful.
Remote system type is UNIX.
Using binary mode to transfer files.
ftp> mkdir files
257 "/files" created
ftp> rename files database
350 Ready for RNTO.
250 Rename successful.
ftp> rmdir database
250 Remove directory operation successful.
ftp> exit
221 Goodbye.
```

11.3　简单文件传输协议

简单文件传输协议（Trivial File Transfer Protocol，TFTP）是一种基于 UDP 协议在客户端和服务器之间进行简单文件传输的协议。顾名思义，它提供不复杂、开销不大的文件传输服务，可将其当作 FTP 协议的简化版本。

TFTP 的命令功能不如 FTP 服务强大，甚至不能遍历目录，在安全性方面也弱于 FTP 服务。由于 TFTP 在传输文件时采用的是 UDP 协议，占用的端口号为 69，因此文件的传输过程也不像 FTP 协议那样可靠。但是，因为 TFTP 不需要客户端的权限认证，也就减少了无谓的系统和网络带宽消耗，因此在传输琐碎（trivial）的小文件时，效率更高。

下面在系统中安装 TFTP 软件包，进行体验。

```
[root@studylinux ~]# yum install tftp-server tftp
Loaded plugins: langpacks, product-id, subscription-manager
………………省略部分输出信息………………
Installing:
 tftp          x86_64  5.2-11.el7          rhel  35 k
 tftp-server   x86_64  5.2-11.el7          rhel  44 k
Installing for dependencies:
 xinetd        x86_64  2:2.3.15-12.el7     rhel  128 k
Transaction Summary
================================================================================
Install  2 Packages (+1 Dependent package)
Total download size: 207 k
Installed size: 373 k
Is this ok [y/d/N]: y
Downloading packages:
………………省略部分输出信息………………
Installed:
 tftp.x86_64 0:5.2-11.el7         tftp-server.x86_64 0:5.2-11.el7
Dependency Installed:
 xinetd.x86_64 2:2.3.15-12.el7
Complete!
```

在 RHEL 7 系统中，TFTP 服务是使用 xinetd 服务程序管理的。xinetd 服务可以用来管理多种轻量级的网络服务，而且具有强大的日志功能。在安装 TFTP 软件包后，还需要在 xinetd 服务程序中将其开启，把默认的禁用（disable）参数修改为 no：

```
[root@studylinux ~.d]# vim /etc/xinetd.d/tftp
service tftp
{
  socket_type= dgram
  protocol= udp
  wait= yes
  user= root
  server= /usr/sbin/in.tftpd
  server_args= -s /var/lib/tftpboot
  disable= no
  per_source= 11
  cps= 100 2
  flags= IPv4
}
```

重启 xinetd 服务并添加到系统的开机启动项中，以确保 TFTP 服务在系统重启后依然处于运行状态。手动将 69 端口号加入到防火墙的允许策略中：

```
[root@studylinux ~]# systemctl restart xinetd
[root@studylinux ~]# systemctl enable xinetd
[root@studylinux ~]# firewall-cmd --permanent --add-port=69/udp
success
[root@studylinux ~]# firewall-cmd --reload
success
```

TFTP 的根目录为/var/lib/tftpboot。可以使用刚安装好的 tftp 命令尝试访问其中的文件，体验 TFTP 服务的文件传输过程。tftp 命令访问文件时可用的参数及作用见表 11-5。

表 11-5　tftp 命令访问文件时可用的参数及作用

命　　令	作　　用	命　　令	作　　用
?	帮助信息	binary	使用二进制进行传输
put	上传文件	ascii	使用 ASCII 码进行传输
get	下载文件	timeout	设置重传的超时时间
verbose	显示详细的处理信息	quit	退出
status	显示当前的状态信息		

```
[root@studylinux ~]# echo "i love linux" > /var/lib/tftpboot/readme.txt
[root@studylinux ~]# tftp 192.168.10.10
tftp> get readme.txt
tftp> quit
[root@studylinux ~]# ls
anaconda-ks.cfg  Documents  initial-setup-ks.cfg  Pictures  readme.txt  Videos
Desktop          Downloads  Music                 Public    Templates
[root@studylinux ~]# cat readme.txt
i love linux
```

11.4　常　见　错　误

1．提示错误代码：530 Login incorrect

登录时提示 530 错误，说明登录过程中账户验证失败。出现此类错误的原因较多：

（1）可能因为使用的是 64 位操作系统，而 pam 文件中库文件的调用却使用的是/lib/security/pam_userdb.so。

（2）可能是用户名或密码输入有错误。

（3）可能是 vsftpd 主配置文件中 pam_service_name 设置的 pam 文件名称与/etc/pam.d 中创建的 pam 文件名称不一致，导致无法验证成功。

2．提示错误代码：500 OOPS：cannot change directory:/hom/ftp/$USER

该提示信息代表目录不存在或者无权限导致的无法切换至目录，也有可能是由于 SELinux 导致的无法共享账户家目录，默认 SELinux 不允许共享家目录。

3．使用 Windows 系统访问主动模式的 vsftpd 服务器时无法访问成功

默认 Windows 会使用被动模式连接 FTP 服务器，如果需要以主动模式连接到服务器，需要修改 IE 浏览器的属性，方法是查找 Internet 选项的"高级"选项卡，找到使用被动 FTP，取消该功能即可。

4．账户登录后无法上传数据

根据不同的登录类型，检查主配置文件的设置，匿名账号与虚拟账号检查以 anon_开头的权限设置，本地账户检查以 local_开头的权限设置，并且要确保全局 write_enable 设置为 YES。此外，文件系统目录的权限也需要修改，确保客户端账户有权限访问该目录。

5．提示错误代码：500 OOPS:bad bool value in config file

该提示信息表明 vsftpd 配置文件设置错误，检查配置文件。配置文件要求每个设置占用独立一行，并且不可以有多余的空格。

单 元 实 训

【实训目的】

- 掌握 FTP 服务的工作原理；
- 掌握 FTP 服务器的安装与部署。

【实训内容】

某企业因办公需求，需要部署一台 FTP 服务器。在系统中添加用户 stu1 和 stu2，要求如下：

（1）使用 vsftpd 软件包安装；

（2）设置匿名账号具有上传、创建目录的权限；

（3）利用/etc/vsftpd/ftpusers 文件设置禁止本地用户 stu1 用户登录 ftp 服务器；

（4）设置本地用户 stu2 登录 FTP 服务器后，在进入 test 目录时，显示提示信息"welcome to user's testdir！"

（5）设置将所有本地用户都锁定在/home 目录中；

（6）设置只有在/etc/vsftpd/user_list 文件中指定本地用户 stu1 和 stu2 可以访问 FTP 服务器，其他用户不可以；

（7）配置基于主机的访问控制，实现如下功能：

- 拒绝 192.168.10.0/24 的访问；
- 对域 study.cn 和 192.168.20.0/24 内的主机不限制连接数和最大传输速率；
- 对其他主机的访问限制每个 IP 地址的连接数为 2，最大传输速率为 500 kbit/s。

单 元 习 题

一、选择题

1．FTP 服务使用的端口是（　　）。
　　A．21　　　　　　B．51　　　　　　C．80　　　　　　D．3306

2．下列不是 FTP 用户类别的是（　　）。
　　A．anonymous　　B．guest　　　　C．users　　　　D．real

3．修改文件 vsftpd.conf 的（　　）可以实现 vsftpd 服务独立启动。

A. listen=YES B. listen=NO C. boot=standalone D. #listen=YES

4. 将用户加入（　　）文件中可能会阻止用户访问 FTP 服务器。

   A. vsftpd/ftpusers B. vsftpd/user_list

   C. ftpd/ftpusers D. ftpd/userlist

5. 在 FTP 服务器主配置文件中，使用（　　）设置本地用户的 FTP 根目录为/share。

   A. local_root=/share B. root_dir=/share

   C. user_dir=/share D. local_home=/share

二、填空题

1. FTP 服务就是_____服务。

2. FTP 服务使用一个共同的用户名_____，密码不限的管理策略，让任何用户都可以很方便地从这些服务器上下载软件。

3. FTP 服务有两种工作模式：_____和_____。

4. FTP 服务器安装完成后，可以使用_____命令查看服务的状态。

5. vsftpd 服务程序的主配置文件是_____。

单元 12　使用 Apache 服务部署静态网站

单元导读

Web 服务是 Internet 应用最流行，最受欢迎的服务之一。通过 Web 服务实现了信息发布、资料查询、数据处理、远程办公和网络教育。本单元首先科普什么是 Web 服务程序，以及 Web 服务程序的用处，对比当前主流的 Web 服务程序的优势及特点，讲解 httpd 服务程序中 "全局配置参数" "区域配置参数" "注释信息"，完成多个基于 httpd 服务程序实用功能的部署实验，其中包括 httpd 服务程序的基本部署、个人用户主页功能和口令加密认证方式的实现，以及分别基于 IP 地址、主机名（域名）、端口号部署虚拟主机网站功能。

学习目标

- 网站服务程序；
- 配置服务文件参数；
- SELinux 安全子系统；
- 个人用户主页功能；
- 虚拟主机功能；
- Apache 的访问控制。

12.1　网站服务程序

1970 年，作为互联网前身的 ARPANET（阿帕网）已初具雏形，并开始向非军用部门开放，许多大学和商业部门逐渐接入。虽然当时阿帕网只有 4 台主机联网运行，还不如现在的局域网成熟，但是它依然为网络技术的进步打下了扎实的基础。

日常生活中，我们平时访问的网站就是 Web 网络服务，一般是指允许用户通过浏览器访问到互联网中各种资源的服务。如图 12-1 所示，Web 网络服务是一种被动访问的服务程序，只有接收到互联网中其他主机发出的请求后才会响应，最终用于提供服务程序的 Web 服务器会通过超文本传输协议 HTTP 或安全超文本传输协议 HTTPS 把请求的内容传送给用户。

目前能够提供 Web 网络服务的程序有 IIS、Nginx 和 Apache 等。其中，IIS（Internet Information Services，互联网信息服务）是 Windows 系统中默认的 Web 服务程序，这是一款图形化的网站管理工具，不仅可以提供 Web 网站服务，还可以提供 FTP、NMTP、SMTP 等服务。但是，IIS 只能在 Windows 系统中使用。

图 12-1　主机与 Web 服务器之间的通信

2004 年 10 月 4 日，为俄罗斯知名门户站点而开发的 Web 服务程序 Nginx 问世。Nginx 程序作为一款轻量级的网站服务软件，因其稳定性和丰富的功能而快速占领服务器市场，但 Nginx 最被认可的是系统资源消耗低且并发能力强，因此得到了国内门户网站（如新浪、网易、腾讯、豆瓣等）的青睐。

Apache 程序是目前拥有很高市场占有率的 Web 服务程序之一，其跨平台和安全性广泛被认可且拥有快速、可靠、简单的 API 扩展。图 12-2 所示为 Apache 服务基金会的著名 Logo，它的名字取自美国印第安人的土著语，寓意着拥有高超的作战策略和无穷的耐心。Apache 服务程序可以运行在 Linux 系统、UNIX 系统甚至是 Windows 系统中，支持基于 IP、域名及端口号的虚拟主机功能，支持多种认证方式，集成有代理服务器模块、安全 Socket 层（SSL），能够实时监视服务状态与定制日志消息，并有着各类丰富的模块支持。

图 12-2　Apache 软件基金会著名的 Logo

Apache 程序作为老牌的 Web 服务程序，一方面在 Web 服务器软件市场具有相当高的占有率，另一方面 Apache 也是 RHEL 7 系统中默认的 Web 服务程序，而且还是 RHCSA 和 RHCE 认证考试的必考内容，因此有必要好好学习 Apache 服务程序的部署，并深入挖掘其可用的丰富功能。

第 1 步：把光盘设备中的系统镜像挂载到/media/cdrom 目录。

```
[root@studylinux ~]# mkdir -p /media/cdrom
[root@studylinux ~]# mount /dev/cdrom /media/cdrom
mount: /dev/sr0 is write-protected, mounting read-only
```

第 2 步：使用 Vim 文本编辑器创建 Yum 仓库的配置文件。

```
[root@studylinux ~]# vim /etc/yum.repos.d/rhel7.repo
[rhel7]
name=rhel7
baseurl=file:///media/cdrom
enabled=1
gpgcheck=0
```

第 3 步：安装 Apache 服务程序的软件包 httpd。

```
[root@studylinux ~]# yum install httpd
Loaded plugins: langpacks, product-id, subscription-manager
………………省略部分输出信息………………
```

```
Dependencies Resolved
================================================================================
Package Arch Version Repository Size
================================================================================
Installing:
 httpd x86_64 2.4.6-17.el7 rhel 1.2 M
Installing for dependencies:
 apr x86_64 1.4.8-3.el7 rhel 103 k
 apr-util x86_64 1.5.2-6.el7 rhel 92 k
 httpd-tools x86_64 2.4.6-17.el7 rhel 77 k
 mailcap noarch 2.1.41-2.el7 rhel 31 k
Transaction Summary
================================================================================
Install 1 Package (+4 Dependent packages)
Total download size: 1.5 M
Installed size: 4.3 M
Is this ok [y/d/N]: y
Downloading packages:
………………省略部分输出信息………………
Complete!
```

第 4 步：启用 httpd 服务程序并将其加入到开机启动项中，使其能够随系统开机而运行，从而持续为用户提供 Web 服务：

```
[root@studylinux ~]# systemctl start httpd
[root@studylinux ~]# systemctl enable httpd
ln -s '/usr/lib/systemd/system/httpd.service' '/etc/systemd/system/multi-user.target.wants/httpd.service'
```

以 Firefox 浏览器为例，在浏览器的地址栏中输入 http://127.0.0.1 并按【Enter】键，就可以看到用于提供 Web 服务的 httpd 服务程序的默认页面了，如图 12-3 所示。

```
[root@studylinux ~]# firefox
```

图 12-3 httpd 服务程序的默认页面

12.2 配置服务文件参数

在 Linux 系统中配置服务，就是修改服务的配置文件，因此，还需要知道这些配置文件的所在位置以及用途，httpd 服务程序的主要配置文件及存放位置见表 12-1。

表 12-1 httpd 服务程序的主要配置文件及存放位置

配置文件的名称	存 放 位 置	配置文件的名称	存 放 位 置
服务目录	/etc/httpd	访问日志	/var/log/httpd/access_log
主配置文件	/etc/httpd/conf/httpd.conf	错误日志	/var/log/httpd/error_log
网站数据目录	/var/www/html		

httpd 服务程序的主配置文件有 353 行。但是，在配置文件中，所有以"#"开始的行都是注释行，其目的是对 httpd 服务程序的功能或某一行参数进行介绍，不需要逐行研究这些内容。

在 httpd 服务程序的主配置文件中，存在三种类型的信息：注释行信息、全局配置、区域配置，如图 12-4 所示。

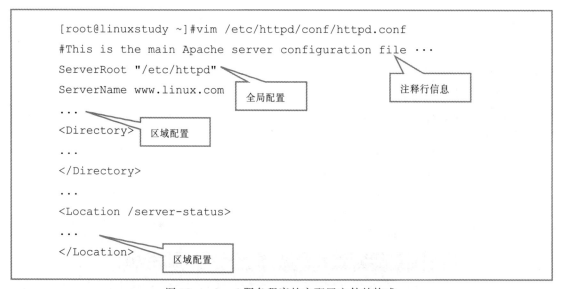

图 12-4 httpd 服务程序的主配置文件的构成

顾名思义，全局配置参数就是一种全局性的配置参数，可作用于所有子站点，既保证了子站点的正常访问，也有效减少了频繁写入重复参数的工作量。区域配置参数则是单独针对于每个独立的子站点进行设置的。配置 httpd 服务程序时最常用的参数及用途见表 12-2。

由表 12-2 可知，DocumentRoot 参数用于定义网站数据的保存路径，其参数的默认值为 /var/www/html，表示把网站的数据写入该目录中；而当前网站普遍的首页面名称是 index.html，因此可以向 /var/www/html 目录中写入一个文件，替换掉 httpd 服务程序的默认首页面，该操作会立即生效。

表 12-2 配置 httpd 服务程序时最常用的参数及用途

参 数	用 途
ServerRoot	服务目录
ServerAdmin	管理员邮箱
User	运行服务的用户
Group	运行服务的用户组
ServerName	网站服务器的域名
DocumentRoot	网站数据目录
Directory	网站数据目录的权限
Listen	监听的 IP 地址与端口号
DirectoryIndex	默认的索引页页面
ErrorLog	错误日志文件
CustomLog	访问日志文件
Timeout	网页超时时间，默认为 300 s

执行上述操作之后，在 Firefox 浏览器中刷新 httpd 服务程序，可以看到该程序的首页面内容已经发生改变，如图 12-5 所示。

```
[root@studylinux ~]# echo "Welcome To Linux.com" > /var/www/html/index.html
[root@studylinux ~]# firefox
```

图 12-5 httpd 服务程序的首页面内容已经被修改

默认情况下，网站数据保存在/var/www/html 目录中，如果想把保存网站数据的目录修改为/home/wwwroot 目录，该如何操作？

第 1 步：建立网站数据的保存目录，并创建首页文件。

```
[root@studylinux ~]# mkdir /home/wwwroot
[root@studylinux ~]# echo "The New Web Directory" > /home/wwwroot/index.html
```

第 2 步：打开 httpd 服务程序的主配置文件，将第 119 行用于定义网站数据保存路径的参数 DocumentRoot 修改为/home/wwwroot，同时将第 124 行用于定义目录权限的参数 Directory 后面的路径也修改为/home/wwwroot。配置文件修改完毕后即可保存并退出。

```
[root@studylinux ~]# vim /etc/httpd/conf/httpd.conf
................省略部分输出信息................
113
114 #
115 # DocumentRoot: The directory out of which you will serve your
116 # documents. By default, all requests are taken from this directory, but
117 # symbolic links and aliases may be used to point to other locations.
118 #
```

```
119 DocumentRoot "/home/wwwroot"
120
121 #
122 # Relax access to content within /var/www.
123 #
124 <Directory "/home/wwwroot">
125    AllowOverride None
126    # Allow open access:
127    Require all granted
128 </Directory>
..................省略部分输出信息..................
[root@linux ~]#
```

第 3 步：重新启动 httpd 服务程序并验证效果，浏览器刷新页面后的内容如图 12-6 所示。

为什么显示 httpd 服务程序的默认首页面？按理来说，只有在网站的首页面文件不存在或者用户权限不足时，才显示 httpd 服务程序的默认首页面。在该实验中，尝试访问 http://127.0.0.1/index.html 页面时，竟然发现页面中显示"Forbidden,You don't have permission to access /index.html on this server."。这一切正是 SELinux 的原因。

```
[root@studylinux ~]# systemctl restart httpd
[root@studylinux ~]# firefox
```

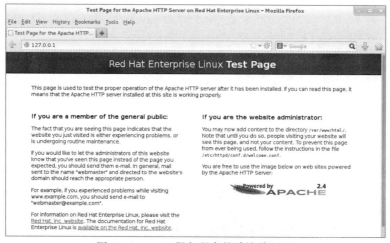

图 12-6 httpd 服务程序的默认首页面

12.3 SELinux 安全子系统

SELinux（Security-Enhanced Linux）是美国国家安全局在 Linux 开源社区的帮助下开发的一个强制访问控制（MAC，Mandatory Access Control）的安全子系统。RHEL 7 系统使用 SELinux 技术的目的是让各个服务进程都受到约束，使其仅获取到本应获取的资源。

12.3.1 SELinux 安全子系统简介

SELinux 安全子系统能够从多方面监控违法行为：对服务程序的功能进行限制（SELinux 域限制可以确保服务程序做不了出格的事情）；对文件资源的访问限制（SELinux 安全上下文确保文件

资源只能被其所属的服务程序进行访问）。

"SELinux 域"和"SELinux 安全上下文"称为是 Linux 系统中的双保险，系统内的服务程序只能规规矩矩地拿到自己所应该获取的资源，这样即便黑客入侵了系统，也无法利用系统内的服务程序进行越权操作。但是，由于 SELinux 服务比较复杂，配置难度也很大，加之很多运维人员对这项技术理解不深，从而导致很多服务器在部署好 Linux 系统后直接将 SELinux 禁用了；这绝对不是明智的选择。

SELinux 服务有如下三种配置模式：

➢ enforcing：强制启用安全策略模式，将拦截服务的不合法请求。

➢ permissive：遇到服务越权访问时，只发出警告而不强制拦截。

➢ disabled：对于越权的行为不警告也不拦截。

本书中的所有实验都是在强制启用安全策略模式下进行的，虽然在禁用 SELinux 服务后确实能够减少报错概率，但这在生产环境中不推荐。建议大家检查一下自己的系统，查看 SELinux 服务主配置文件中定义的默认状态。如果是 permissive 或 disabled，建议修改为 enforcing。

```
[root@studylinux ~]# vim /etc/selinux/config
# This file controls the state of SELinux on the system.
# SELINUX= can take one of these three values:
# enforcing - SELinux security policy is enforced.
# permissive - SELinux prints warnings instead of enforcing.
# disabled - No SELinux policy is loaded.
SELINUX=enforcing
# SELINUXTYPE= can take one of these two values:
# targeted - Targeted processes are protected,
# minimum - Modification of targeted policy. Only selected processes are protected.
# mls - Multi Level Security protection.
SELINUXTYPE=targeted
```

SELinux 服务的主配置文件中，定义的是 SELinux 的默认运行状态，可以将其理解为系统重启后的状态，因此它不会在更改后立即生效。可以使用 getenforce 命令获得当前 SELinux 服务的运行模式：

```
[root@studylinux ~]# getenforce
Enforcing
```

为了确认图 12-6 所示的结果确实是因为 SELinux 而导致的，可以用 setenforce [0|1]命令修改 SELinux 当前的运行模式（0 为禁用，1 为启用）。注意，这种修改只是临时的，在系统重启后就会失效：

```
[root@studylinux ~]# setenforce 0
[root@studylinux ~]# getenforce
Permissive
```

再次刷新网页，就会看到正常的网页内容了，如图 12-7 所示。可见，问题确实是出在了 SELinux 服务上面。

```
[root@studylinux ~]# firefox
```

图 12-7　页面内容按照预期显示

回顾一下前面的实验操作，httpd 服务程序的功能是允许用户访问网站内容，因此 SELinux 肯定会默认放行用户对网站的请求操作。但是，在上面的实验中，我们将网站数据的默认保存目录修改为了/home/wwwroot，此时产生了问题。/home 目录是用来存放普通用户的家目录数据的，而现在，httpd 提供的网站服务却要去获取普通用户家目录中的数据，这显然违反了 SELinux 的监管原则。

现在，把 SELinux 服务恢复到强制启用安全策略模式，然后分别查看原始网站数据的保存目录与当前网站数据的保存目录是否拥有不同的 SELinux 安全上下文值：

```
[root@studylinux ~]# setenforce 1
[root@studylinux ~]# ls -Zd /var/www/html
drwxr-xr-x. root root system_u:object_r:httpd_sys_content_t:s0 /var/www/html
[root@studylinux ~]# ls -Zd /home/wwwroot
drwxrwxrwx. root root unconfined_u:object_r:home_root_t:s0 /home/wwwroot
```

在文件上设置的 SELinux 安全上下文是由用户段、角色段以及类型段等多个信息项共同组成的。其中，用户段 system_u 代表系统进程的身份，角色段 object_r 代表文件目录的角色，类型段 httpd_sys_content_t 代表网站服务的系统文件。

针对当前这种情况，只需要使用 semanage 命令，将当前网站目录/home/wwwroot 的 SELinux 安全上下文修改为与原始网站目录的一样即可。

12.3.2　semanage 命令

semanage 命令用于管理 SELinux 的策略，可以设置文件、目录的策略，还可以管理网络端口、消息接口，命令格式为：

semanage [选项] [文件]

使用 semanage 命令时，常用参数见表 12-3。

表 12-3　semanage 命令中的参数及其作用

参　　数	作　　用	参　　数	作　　用
-l	查询	-m	修改
-a	添加	-d	删除

例如，可以向新的网站数据目录中添加一条 SELinux 安全上下文，让该目录以及其中的所有文件能够被 httpd 服务程序所访问到：

```
[root@studylinux ~]# semanage fcontext -a -t httpd_sys_content_t /home/wwwroot
[root@studylinux ~]# semanage fcontext -a -t httpd_sys_content_t /home/wwwroot/*
```

执行上述设置之后，需要使用 restorecon 命令将设置好的 SELinux 安全上下文立即生效。在使用 restorecon 命令时，可以加上 -Rv 参数对指定的目录进行递归操作，以及显示 SELinux 安全上下文的修改过程。最后，再次刷新页面，即可正常显示网页内容，结果如图 12-8 所示。

图 12-8　正常显示网页内容

```
[root@studylinux ~]# restorecon -Rv /home/wwwroot/
restorecon reset /home/wwwroot context unconfined_u:object_r:home_root_t:s0->
unconfined_u:object_r:httpd_sys_content_t:s0
restorecon reset /home/wwwroot/index.html context unconfined_u:object_r:home_root_t:
s0->unconfined_u:object_r:httpd_sys_content_t:s0
[root@studylinux ~]# firefox
```

12.4　个人用户主页功能

如果想在系统中为每位用户建立一个独立的网站，通常的方法是基于虚拟网站主机功能来部署多个网站。但是，当用户数量庞大时，这个工作会让管理员苦不堪言，而且在用户自行管理网站时，还会碰到各种权限限制，需要为此做很多额外的工作。其实，httpd 服务程序提供的个人用户主页功能完全可以胜任该工作。该功能可以让系统内所有用户在自己的家目录中管理个人网站，而且访问起来也非常容易。

第 1 步：在 httpd 服务程序中，默认没有开启个人用户主页功能。为此，需要编辑下面的配置文件，然后在第 17 行的 UserDir disabled 参数前面加上"#"，表示让 httpd 服务程序开启个人用户主页功能；同时再把第 24 行的 UserDir public_html 参数前面的"#"去掉（UserDir 参数表示网站数据在用户家目录中的保存目录名称，即 public_html 目录）。修改完毕后保存文件。

```
[root@studylinux ~]# vim /etc/httpd/conf.d/userdir.conf
 1 #
 2 # UserDir: The name of the directory that is appended onto a user's home
 3 # directory if a ~user request is received.
 4 #
 5 # The path to the end user account 'public_html' directory must be
 6 # accessible to the webserver userid.  This usually means that ~userid
 7 # must have permissions of 711, ~userid/public_html must have permissions
 8 # of 755, and documents contained therein must be world-readable.
 9 # Otherwise, the client will only receive a "403 Forbidden" message.
10 #
11 <IfModule mod_userdir.c>
12 #
13 # UserDir is disabled by default since it can confirm the presence
14 # of a username on the system (depending on home directory
15 # permissions).
16 #
17 # UserDir disabled
18
19 #
20 # To enable requests to /~user/ to serve the user's public_html
21 # directory, remove the "UserDir disabled" line above, and uncomment
```

```
22 # the following line instead:
23 #
24     UserDir public_html
25 </IfModule>
26
27 #
28 # Control access to UserDir directories. The following is an example
29 # for a site where these directories are restricted to read-only.
30 #
31 <Directory "/home/*/public_html">
32 AllowOverride FileInfo AuthConfig Limit Indexes
33 Options MultiViews Indexes SymLinksIfOwnerMatch IncludesNoExec
34 Require method GET POST OPTIONS
35 </Directory>
```

第 2 步：在用户家目录中建立用于保存网站数据的目录及首页面文件。另外，还需要把家目录的权限修改为 755，保证其他人也有权限读取其中的内容。

```
[root@studylinux home]# su - linux
Last login: Fri May 22 13:17:37 CST 2021 on :0
[linux@studylinux ~]$ mkdir public_html
[linux@studylinux ~]$ echo "This is linux's website" > public_html/index.html
[linux@studylinux ~]$ chmod -Rf 755 /home/linux
```

第 3 步：重新启动 httpd 服务程序，在浏览器的地址栏中输入网址，其格式为"网址/~用户名"。其中，波浪号是必需的，而且网址、波浪号、用户名之间没有空格。从理论上来讲即可看到用户的个人网站。刷新后，系统显示报错页面，如图 12-9 所示。这一定还是 SELinux 惹的祸。

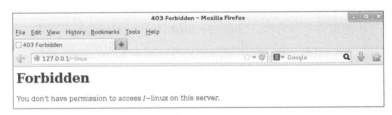

图 12-9 禁止访问用户的个人网站

第 4 步：思考这次报错的原因。httpd 服务程序在提供个人用户主页功能时，该用户的网站数据目录本身就应该是存放到与这位用户对应的家目录中的，所以应该不需要修改家目录的 SELinux 安全上下文。但是，前文还讲到了 Linux 域的概念。Linux 域确保服务程序不能执行违规操作，只能本本分分地为用户提供服务。httpd 服务中突然开启的这项个人用户主页功能到底有没有被 SELinux 域默认允许呢？

接下来使用 getsebool 命令查询并过滤出所有与 HTTP 协议相关的安全策略。其中，off 为禁止状态，on 为允许状态。

```
[root@studylinux ~]# getsebool -a | grep http
httpd_anon_write --> off
httpd_builtin_scripting --> on
httpd_can_check_spam --> off
httpd_can_connect_ftp --> off
httpd_can_connect_ldap --> off
```

```
httpd_can_connect_mythtv --> off
httpd_can_connect_zabbix --> off
httpd_can_network_connect --> off
httpd_can_network_connect_cobbler --> off
httpd_can_network_connect_db --> off
httpd_can_network_memcache --> off
httpd_can_network_relay --> off
httpd_can_sendmail --> off
httpd_dbus_avahi --> off
httpd_dbus_sssd --> off
httpd_dontaudit_search_dirs --> off
httpd_enable_cgi --> on
httpd_enable_ftp_server --> off
httpd_enable_homedirs --> off
httpd_execmem --> off
httpd_graceful_shutdown --> on
httpd_manage_ipa --> off
httpd_mod_auth_ntlm_winbind --> off
httpd_mod_auth_pam --> off
httpd_read_user_content --> off
httpd_run_stickshift --> off
httpd_serve_cobbler_files --> off
httpd_setrlimit --> off
httpd_ssi_exec --> off
httpd_sys_script_anon_write --> off
httpd_tmp_exec --> off
httpd_tty_comm --> off
httpd_unified --> off
httpd_use_cifs --> off
httpd_use_fusefs --> off
httpd_use_gpg --> off
httpd_use_nfs --> off
httpd_use_openstack --> off
httpd_use_sasl --> off
httpd_verify_dns --> off
named_tcp_bind_http_port --> off
prosody_bind_http_port --> off
```

面对如此多的SELinux域安全策略规则，没有必要逐个理解它们，只要能通过名字大致猜测出相关的策略用途就足够了。例如，想要开启httpd服务的个人用户主页功能，那么用到的SELinux域安全策略应该是 httpd_enable_homedirs，大致确定后就可以用 setsebool 命令修改SELinux策略中各条规则的布尔值。在 setsebool 命令后面加上 -P 参数，让修改后的SELinux策略规则永久生效且立即生效。随后刷新网页，其效果如图12-10所示。

```
[root@studylinux ~]# setsebool -P httpd_enable_homedirs=on
[root@studylinux ~]# firefox
```

如果每台运行Linux系统的服务器上只能运行一个网站，那么人气低、流量小的网站站长就要承担高昂的服务器租赁费用，这会造成硬件资源的浪费。在虚拟专用服务器（Virtual Private Server，VPS）与云计算技术诞生以前，IDC服务供应商为了能够更充分地利用服务器资源，同时也为了降低购买门槛，于是纷纷启用了虚拟主机功能。

图 12-10　正常看到个人用户主页面中的内容

12.5　虚拟主机功能

利用虚拟主机功能，可以把一台处于运行状态的物理服务器分隔成多个"虚拟服务器"。Apache 的虚拟主机功能是服务器基于用户请求的不同 IP 地址、主机域名或端口号，实现提供多个网站同时为外部提供访问服务的技术，用户请求的资源不同，最终获取到的网页内容也各不相同。

12.5.1　基于 IP 地址

如果一台服务器有多个 IP 地址，而且每个 IP 地址与服务器上部署的每个网站一一对应，这样当用户请求访问不同的 IP 地址时，会访问到不同网站的页面资源。而且，每个网站都有一个独立的 IP 地址，对搜索引擎优化也大有裨益。以这种方式提供虚拟网站主机功能不仅最常见，也受到了网站站长的欢迎。

假设 Apache 服务器具有 192.168.10.10 和 192.168.10.20 两个 IP 地址。现在需要利用这两个不同的 IP 地址分别创建两个基于 IP 地址的虚拟主机，要求不同虚拟主机对应的主目录不同，默认网页文档也不同。

第 1 步：在 Linux 操作系统中，单击 Applications→System Tools→Settings→Network 选项，打开图 12-11 所示的配置对话框，单击"+"按钮添加 IP 地址，完成后单击 Apply 按钮，即可在一块网卡上配置多个 IP 地址。

配置完毕并重启网卡服务后，检查网络的连通性，确保两个 IP 地址均可正常访问，如图 12-12 所示。

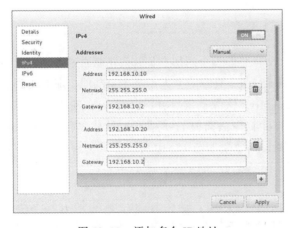

图 12-11　添加多个 IP 地址

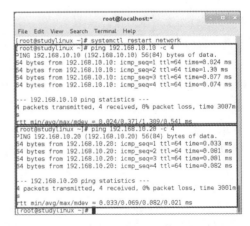

图 12-12　分别检查 3 个 IP 地址的连通性

第 2 步：在 /home/wwwroot 中创建用于保存不同网站数据的 2 个目录，并向其中分别写入网站的首页文件。每个首页文件中应有明确区分不同网站内容的信息，方便稍后能更直观地检查效果。

```
[root@studylinux ~]# mkdir -p /home/wwwroot/10
[root@studylinux ~]# mkdir -p /home/wwwroot/20
[root@studylinux ~]# echo "IP:192.168.10.10" > /home/wwwroot/10/index.html
[root@studylinux ~]# echo "IP:192.168.10.20" > /home/wwwroot/20/index.html
```

第 3 步：在 httpd 服务的配置文件中大约 113 行处开始，分别追加写入两个基于 IP 地址的虚拟主机网站参数，然后保存并退出。重启 httpd 服务后这些配置才生效。

```
[root@studylinux ~]# vim /etc/httpd/conf/httpd.conf
..............省略部分输出信息..............
113 <VirtualHost 192.168.10.10>
114 DocumentRoot /home/wwwroot/10
115 ServerName www.linux.com
116 <Directory /home/wwwroot/10 >
117 AllowOverride None
118 Require all granted
119 </Directory>
120 </VirtualHost>
121 <VirtualHost 192.168.10.20>
122 DocumentRoot /home/wwwroot/20
123 ServerName bbs.linux.com
124 <Directory /home/wwwroot/20 >
125 AllowOverride None
126 Require all granted
127 </Directory>
128 </VirtualHost>
..............省略部分输出信息..............
[root@studylinux ~]# systemctl restart httpd
```

第 4 步：此时访问网站，则会看到 httpd 服务程序的默认首页面说明这是 SELinux 的问题。由于当前的 /home/wwwroot 目录及其中的网站数据目录的 SELinux 安全上下文与网站服务不吻合，因此 httpd 服务程序无法获取到这些网站数据目录。需要手动把新的网站数据目录的 SELinux 安全上下文设置正确，并使用 restorecon 命令让新设置的 SELinux 安全上下文立即生效，这样就可以立即看到网站的访问效果了，如图 12-13 所示。

```
[root@studylinux ~]# semanage fcontext -a -t httpd_sys_content_t /home/wwwroot
[root@studylinux ~]# semanage fcontext -a -t httpd_sys_content_t /home/wwwroot/10
[root@studylinux ~]# semanage fcontext -a -t httpd_sys_content_t /home/wwwroot/10/*
[root@studylinux ~]# semanage fcontext -a -t httpd_sys_content_t /home/wwwroot/20
[root@studylinux ~]# semanage fcontext -a -t httpd_sys_content_t /home/wwwroot/20/*
[root@studylinux ~]# restorecon -Rv /home/wwwroot
restorecon reset /home/wwwroot context unconfined_u:object_r:home_root_t:s0->unconfined_u:object_r:httpd_sys_content_t:s0
restorecon reset /home/wwwroot/10 context unconfined_u:object_r:home_root_t:s0->unconfined_u:object_r:httpd_sys_content_t:s0
restorecon reset /home/wwwroot/10/index.html context unconfined_u:object_r:home_root_t:s0->unconfined_u:object_r:httpd_sys_content_t:s0
restorecon reset /home/wwwroot/20 context unconfined_u:object_r:home_root_t:s0->unconfined_u:object_r:httpd_sys_content_t:s0
restorecon reset /home/wwwroot/20/index.html context unconfined_u:object_r:home_root_t:s0->unconfined_u:object_r:httpd_sys_content_t:s0
[root@studylinux ~]# firefox
```

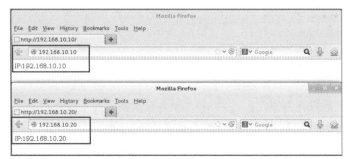

图 12-13　基于不同的 IP 地址访问虚拟主机网站

12.5.2　基于主机域名

当服务器无法为每个网站都分配一个独立 IP 地址时，可以让 Apache 自动识别用户请求的域名，根据不同的域名请求传输不同的内容。在这种情况下的配置更加简单，只需要保证位于生产环境中的服务器上有一个可用的 IP 地址即可（本实验以 192.168.10.10 为例）。

第 1 步：手工定义 IP 地址与域名之间对应关系的配置文件，保存并退出后会立即生效。可以通过分别 ping 这些域名来验证域名是否已经成功解析为 IP 地址。

```
[root@studylinux ~]# vim /etc/hosts
127.0.0.1       localhost localhost.localdomain localhost4 localhost4.localdomain4
::1             localhost localhost.localdomain localhost6 localhost6.localdomain6
192.168.10.10 www.linux.com bbs.linux.com
[root@studylinux ~]# ping -c 4 www.linux.com
PING www.linux.com (192.168.10.10) 56(84) bytes of data.
64 bytes from www.linux.com (192.168.10.10): icmp_seq=1 ttl=64 time=0.030 ms
64 bytes from www.linux.com (192.168.10.10): icmp_seq=2 ttl=64 time=0.083 ms
64 bytes from www.linux.com (192.168.10.10): icmp_seq=3 ttl=64 time=0.070 ms
64 bytes from www.linux.com (192.168.10.10): icmp_seq=4 ttl=64 time=0.069 ms

--- www.linux.com ping statistics ---
4 packets transmitted, 4 received, 0% packet loss, time 3001ms
rtt min/avg/max/mdev = 0.030/0.063/0.083/0.019 ms
[root@studylinux ~]#
```

第 2 步：在/home/wwwroot 中创建用于保存不同网站数据的两个目录，并向其中分别写入网站的首页文件。每个首页文件中应有明确区分不同网站内容的信息，方便稍后能更直观地检查效果。

```
[root@studylinux ~]# mkdir -p /home/wwwroot/www
[root@studylinux ~]# mkdir -p /home/wwwroot/bbs
[root@studylinux ~]# echo "www.linux.com" > /home/wwwroot/www/index.html
[root@studylinux ~]# echo "bbs.linux.com" > /home/wwwroot/bbs/index.html
```

第 3 步：从 httpd 服务的配置文件 113 行处开始，分别追加写入两个基于主机名的虚拟主机网站参数，然后保存并退出。重启 httpd 服务，这些配置才生效。

```
[root@studylinux ~]# vim /etc/httpd/conf/httpd.conf
…………省略部分输出信息…………
113 <VirtualHost 192.168.10.10>
114 DocumentRoot "/home/wwwroot/www"
115 ServerName "www.linux.com"
116 <Directory "/home/wwwroot/www">
```

```
117 AllowOverride None
118 Require all granted
119 </directory>
120 </VirtualHost>
121 <VirtualHost 192.168.10.10>
122 DocumentRoot "/home/wwwroot/bbs"
123 ServerName "bbs.linux.com"
124 <Directory "/home/wwwroot/bbs">
125 AllowOverride None
126 Require all granted
127 </Directory>
128 </VirtualHost>
.................省略部分输出信息.................
```

第4步：因为当前的网站数据目录还是在/home/wwwroot 目录中，因此必须正确设置网站数据目录文件的 SELinux 安全上下文，使其与网站服务功能相吻合。完成后使用 restorecon 命令让新配置的 SELinux 安全上下文立即生效，这样就可以立即访问到虚拟主机网站，效果如图 12-14 所示。

```
[root@studylinux ~]# semanage fcontext -a -t httpd_sys_content_t /home/wwwroot
[root@studylinux ~]# semanage  fcontext -a -t httpd_sys_content_t /home/wwwroot/www
[root@studylinux ~]# semanage   fcontext -a -t httpd_sys_content_t /home/wwwroot/www/*
[root@studylinux ~]# semanage  fcontext -a -t httpd_sys_content_t /home/wwwroot/bbs
[root@studylinux ~]# semanage   fcontext -a -t httpd_sys_content_t /home/wwwroot/bbs/*
[root@studylinux ~]# restorecon -Rv /home/wwwroot
reset /home/wwwroot context unconfined_u:object_r:home_root_t:s0->unconfined_u:object_r:httpd_sys_content_t:s0
restorecon reset /home/wwwroot/www context unconfined_u:object_r:home_root_t:s0->unconfined_u:object_r:httpd_sys_content_t:s0
restorecon reset /home/wwwroot/www/index.html context unconfined_u:object_r:home_root_t:s0->unconfined_u:object_r:httpd_sys_content_t:s0
restorecon reset /home/wwwroot/bbs context unconfined_u:object_r:home_root_t:s0->unconfined_u:object_r:httpd_sys_content_t:s0
restorecon reset /home/wwwroot/bbs/index.html context unconfined_u:object_r:home_root_t:s0->unconfined_u:object_r:httpd_sys_content_t:s0
[root@studylinux ~]# firefox
```

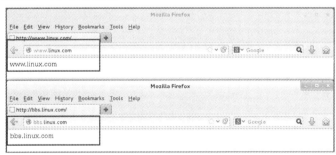

图 12-14　基于主机域名访问虚拟主机网站

12.5.3　基于端口号

基于端口号的虚拟主机功能可以让用户通过指定的端口号访问服务器上的网站资源，但是这种服务的配置方式是最复杂的。在配置过程中，不仅要考虑 httpd 服务程序的配置因素，还需要考虑到 SELinux 服务对新开设端口的监控。一般来说，使用 80、443、8080 等端口号来提供网站访问服务是比较合理的，如果使用其他端口号则会受到 SELinux 服务的限制。

在接下来的实验中，不但要考虑到目录上应用的 SELinux 安全上下文的限制，还需要考虑 SELinux 域对 httpd 服务程序的管控。

第 1 步：在 /home/wwwroot 中创建用于保存不同网站数据的两个目录，并向其中分别写入网站的首页文件。每个首页文件中应有明确区分不同网站内容的信息，方便稍后能更直观地检查效果。

```
[root@studylinux ~]# mkdir -p /home/wwwroot/6661
[root@studylinux ~]# mkdir -p /home/wwwroot/6662
[root@studylinux ~]# echo "port:6661" > /home/wwwroot/6661/index.html
[root@studylinux ~]# echo "port:6662" > /home/wwwroot/6662/index.html
```

第 2 步：在 httpd 服务配置文件的第 43 行和第 44 行分别添加用于监听 6661 和 6662 端口的参数。

```
[root@studylinux ~]# vim /etc/httpd/conf/httpd.conf
…………省略部分输出信息…………
 33 #
 34 # Listen: Allows you to bind Apache to specific IP addresses and/or
 35 # ports, instead of the default. See also the <VirtualHost>
 36 # directive.
 37 #
 38 # Change this to Listen on specific IP addresses as shown below to
 39 # prevent Apache from glomming onto all bound IP addresses.
 40 #
 41 #Listen 12.34.56.78:80
 42 Listen 80
 43 Listen 6661
 44 Listen 6662
…………省略部分输出信息…………
```

第 3 步：从 httpd 服务的配置文件 113 行处开始，分别追加写入两个基于端口号的虚拟主机网站参数，然后保存并退出。重启 httpd 服务，这些配置才生效。

```
[root@studylinux ~]# vim /etc/httpd/conf/httpd.conf
…………省略部分输出信息…………
113 <VirtualHost 192.168.10.10:6661>
114 DocumentRoot "/home/wwwroot/6661"
115 ServerName www.linux.com
116 <Directory "/home/wwwroot/6661">
117 AllowOverride None
118 Require all granted
119 </Directory>
120 </VirtualHost>
121 <VirtualHost 192.168.10.10:6662>
122 DocumentRoot "/home/wwwroot/6662"
123 ServerName bbs.linux.com
124 <Directory "/home/wwwroot/6662">
125 AllowOverride None
126 Require all granted
127 </Directory>
128 </VirtualHost>
…………省略部分输出信息…………
```

第 4 步：把网站数据目录存放在/home/wwwroot 目录中，所以必须正确设置网站数据目录文件的 SELinux 安全上下文，使其与网站服务功能相吻合。完成后使用 restorecon 命令让新配置的 SELinux 安全上下文立即生效。

```
[root@studylinux ~]# semanage fcontext -a -t httpd_sys_content_t /home/wwwroot
[root@studylinux ~]# semanage fcontext -a -t httpd_sys_content_t /home/wwwroot/6661
[root@studylinux ~]# semanage fcontext -a -t httpd_sys_content_t /home/wwwroot/6661/*
[root@studylinux ~]# semanage fcontext -a -t httpd_sys_content_t /home/wwwroot/6662
[root@studylinux ~]# semanage fcontext -a -t httpd_sys_content_t /home/wwwroot/6662/*
[root@studylinux ~]# restorecon -Rv /home/wwwroot/
restorecon reset /home/wwwroot context unconfined_u:object_r:home_root_t:s0->unconfined_u:object_r: httpd_sys_content_t:s0
restorecon reset /home/wwwroot/6661 context unconfined_u:object_r:home_root_t:s0->unconfined_u:object_r:httpd_sys_content_t:s0
restorecon reset /home/wwwroot/6661/index.html context unconfined_u:object_r:home_root_t:s0->unconfined_u:object_r:httpd_sys_content_t:s0
restorecon reset /home/wwwroot/6662 context unconfined_u:object_r:home_root_t:s0->unconfined_u:object_r:httpd_sys_content_t:s0
restorecon reset /home/wwwroot/6662/index.html context unconfined_u:object_r:home_root_t:s0->unconfined_u:object_r:httpd_sys_content_t:s0
[root@studylinux ~]# systemctl restart httpd
Job for httpd.service failed. See 'systemctl status httpd.service' and 'journalctl-xn' for details.
```

在妥当配置 httpd 服务程序和 SELinux 安全上下文并重启 httpd 服务后，依然出现报错信息。这是因为 SELinux 服务检测到 6661 和 6662 端口不属于 Apache 服务应该需要的资源，但现在却被 httpd 服务程序监听使用了，所以 SELinux 拒绝使用 Apache 服务使用这两个端口。可以使用 semanage 命令查询并过滤出所有与 HTTP 协议相关且 SELinux 服务允许的端口列表。

```
[root@studylinux ~]# semanage port -l | grep http
http_cache_port_t  tcp  8080, 8118, 8123, 10001-10010
http_cache_port_t  udp  3130
http_port_t  tcp  80, 81, 443, 488, 8008, 8009, 8443, 9000
pegasus_http_port_t  tcp  5988
pegasus_https_port_t  tcp  5989
```

第 5 步：SELinux 允许的与 HTTP 协议相关的端口号中默认没有包含 6661 和 6662，因此需要将这两个端口号手动添加进去。该操作会立即生效，而且在系统重启过后依然有效。设置好后再重启 httpd 服务程序，然后就可以看到网页内容了，结果如图 12-15 所示。

```
[root@studylinux ~]# semanage port -a -t http_port_t -p tcp 6661
[root@studylinux ~]# semanage port -a -t http_port_t -p tcp 6662
[root@studylinux ~]# semanage port -l| grep http
http_cache_port_t  tcp  8080, 8118, 8123, 10001-10010
http_cache_port_t  udp  3130
http_port_t  tcp   6662, 6661, 80, 81, 443, 488, 8008, 8009, 8443, 9000
pegasus_http_port_t  tcp  5988
pegasus_https_port_t  tcp  5989
[root@studylinux ~]# systemctl restart httpd
[root@studylinux ~]# firefox
```

图 12-15 基于端口号访问虚拟主机网站

12.6 Apache 的访问控制

Apache 可以基于源主机名、源 IP 地址或源主机上的浏览器特征等信息对网站上的资源进行访问控制。它通过 Allow 指令允许某个主机访问服务器上的网站资源，通过 Deny 指令实现禁止访问。在允许或禁止访问网站资源时，还会用到 Order 指令，这个指令用来定义 Allow 或 Deny 指令起作用的顺序，其匹配原则是按照顺序进行匹配，若匹配成功则执行后面的默认指令。比如"Order Allow, Deny"表示先将源主机与允许规则进行匹配，若匹配成功则允许访问请求，反之则拒绝访问请求。

第 1 步：先在服务器的网站数据目录中新建一个子目录，并在该子目录中创建一个包含 Successful 单词的首页文件。

```
[root@studylinux ~]# mkdir /var/www/html/server
[root@studylinux ~]# echo "Successful" > /var/www/html/server/index.html
```

第 2 步：打开 httpd 服务的配置文件，在第 129 行后面添加下述规则限制源主机的访问。这段规则的含义是允许使用 Firefox 浏览器的主机访问服务器上的首页文件，除此之外的所有请求都将被拒绝。使用 Firefox 浏览器的访问效果如图 12-16 所示。

```
[root@studylinux ~]# vim /etc/httpd/conf/httpd.conf
………………省略部分输出信息………………
129 <Directory "/var/www/html/server">
130 SetEnvIf User-Agent "Firefox" ff=1
131 Order allow,deny
132 Allow from env=ff
133 </Directory>
………………省略部分输出信息………………
[root@studylinux ~]# systemctl restart httpd
[root@studylinux ~]# firefox
```

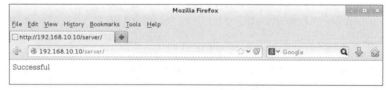

图 12-16 Firefox 浏览器成功访问

除了匹配源主机的浏览器特征之外，还可以通过匹配源主机的 IP 地址进行访问控制。例如，只允许 IP 地址为 192.168.10.20 的主机访问网站资源，那么就可以在 httpd 服务配置文件的第 129

行后面添加下述规则。这样在重启 httpd 服务程序后再用本机（即服务器，其 IP 地址为 192.168.10.10）访问网站的首页面时就会提示访问被拒绝了，如图 12-17 所示。

```
[root@studylinux ~]# vim /etc/httpd/conf/httpd.conf
...............省略部分输出信息...............
129 <Directory "/var/www/html/server">
130 Order allow,deny
131 Allow from 192.168.10.20
132 Order allow,deny
133 </Directory>
...............省略部分输出信息...............
[root@studylinux ~]# systemctl restart httpd
[root@studylinux ~]# firefox
```

图 12-17　因 IP 地址不符合要求而被拒绝访问

12.7　常见问题分析

（1）启动 Apache HTTP Server 时提示错误信息：Invalid command 'LanguagePriority'，perhaps misspelled or defined by a module not included in the server configuration。

该提示信息说明在配置文件中使用了 LanguagePriority 指令，但该指令需要加载 mod_negotiation 模块才可以实现相应的功能，解决方法是在主配置 we 中通过 LoadModule 加载该模块。

（2）启动 Apache HTTP Server 时提示错误信息：Invalid command 'SSLCipherSuite'，perhaps misspelled or defined by a module not included in the server configuration。

该提示信息说明在配置文件中使用了 SSLCipherSuite 指令,但该指令需要 mod_ssl 模块才可以实现相应的功能。

（3）启动 Apache HTTP Server 时提示错误信息：SSLSessionCache：'shmcb'session cache not supported。

该提示信息说明 shmcb 会话缓存不支持,需要加载 mod_socache_shmcb 模块才可以支持该功能。

（4）启动 Apache HTTP Server 时提示错误信息：Address already in use，could not bind to address。

说明服务器上已经开启了另一个程序正在监听使用该端口，使用 netstat 工具可以查看网络连接状况。

（5）客户端访问时显示的不是首页内容，而是首页目录下的所有文件列表，表明通过 DocumentRoot 指令设置的网站根目录，无法找到由 DirectoryIndex 指令设置的首页文件。

（6）客户端访问加密网站时，如果数字证书是自签名证书，浏览器会提示：此网站的安全证书有问题。因为使用的证书没有经过权威证书中心签名，所以浏览器会提示不安全，如果确定该证书没有问题，可以继续浏览此网站。

单 元 实 训

【实训目的】

> 掌握 Apache 服务的工作原理；
> 掌握 Apache 服务器的安装与部署；
> 掌握 Apache 服务器的个人主页配置、虚拟目录的使用。

【实训内容】

某企业新购一台服务器，服务器已经安装 Linux 操作系统，企业域名为 http://www.tech.com。现要求将服务器配置成 Apache 服务器，提供企业员工基本 Web 服务。具体要求如下：

（1）服务器的 IP 地址为：192.168.10.5；

（2）设置主目录的路径为/var/www/web；

（3）添加 default.htm 文件作为默认文档；

（4）设置 apache 监听的端口为 8080 和 80；

（5）设置默认字符集为 UTF-8；

（6）为每位员工开通个人主页服务，要求实现：网页文件上传完成后，立即自动发布，URL 为 http://www.tech.com/~用户名；

（7）在 Web 服务器中建立一个名为 private 的虚拟目录，对应的物理路径为/storage/private，配置 Web 服务器仅允许来自 kexue.net 域和 192.168.1.0/24 网段客户机访问该虚拟目录；

（8）使用 192.168.1.5 和 192.168.1.6 两个 IP 地址，创建基于 IP 地址的虚拟主机。其中 IP 地址为 192.168.1.5 的虚拟主机对应的主目录为/var/web/ip5，IP 地址为 192.168.1.6 的虚拟主机对应的主目录为/var/web/ip6。

（9）使用 www.tech.com 和 www.study.com 两个域名的虚拟主机，域名为 www.tech.com 的虚拟主机对应的主目录为 /var/web/tech，域名为 www.study.com 的虚拟主机对应的主目录为 /var/web/study。

单 元 习 题

选择题

1. 在 RHEL 中手工安装 Apache 服务器时，默认的 Web 站点的目录为（   ）。
   A. /etc/httpd   B. /var/www/html
   C. /etc/home   D. /home/httpd

2. Apache 服务器监听的端口由配置文件的（   ）参数确定。
   A. Listen   B. heard   C. using   D. Directory

3. 下列关于 Apache 的描述中错误的是（   ）。
   A. 不能改变存放网页的路径   B. 只能为一个域名提供服务
   C. 可以为网页路径设置密码   D. 默认的端口号为 8848

4. 在配置文件中，设置站点根目录的位置使用（　　）参数。
   A. ServerRoot　　　　　　　　　B. ServerName
   C. DocumentRoot　　　　　　　　D. DirectoryIndex
5. 对于 Apache 服务器，提供子进程的默认用户是（　　）。
   A. root　　　　B. apached　　　　C. httpd　　　　D. nobody

单元 13　使用 Nginx 服务部署网站

单元导读

本单元讲解 Nginx 服务程序的安装及配置文件，完成多个基于 Nginx 服务程序实用功能的部署实验，其中包括 Nginx 服务程序的基本部署以及分别基于 IP 地址、主机名（域名）、端口号部署虚拟主机网站功能。

学习目标

- Nginx 网站服务程序；
- 配置服务文件参数；
- 虚拟主机功能。

13.1　Nginx 简介

Nginx 是一款用于部署动态网站的轻量级服务程序，它最初是为俄罗斯的一家门户站点而开发的，因其稳定性、功能丰富、占用内存少且并发能力强而备受用户信赖。目前，新浪、网易、腾讯等门户站点均使用此服务。

Nginx 服务程序的稳定性源自于采用了分阶段的资源分配技术，降低了 CPU 与内存的占用率，所以使用 Nginx 程序部署的动态网站环境十分稳定、高效、能支持更多的并发连接，而且消耗的系统资源也很少。此外，Nginx 具备的模块数量与 Apache 具备的模块数量几乎相同，而且现在已经完全支持 proxy、rewrite、mod_fcgi、ssl、vhosts 等常用模块。Nginx 支持热部署技术，可以 7×24 小时不间断提供服务，启动速度特别快，还可以在不暂停服务的情况下直接对 Nginx 服务程序进行升级。

虽然 Nginx 程序的代码质量非常高，代码很规范，技术成熟，模块扩展也很容易，但依然存在不少问题，比如 Nginx 程序由俄罗斯人开发，资料文档不完善，中文资料缺少。但是 Nginx 服务程序在近年来增长势头迅猛，在轻量级 Web 服务器市场具有较大市场占有率。

13.2　安装 Nginx 软件

在正式安装 Nginx 服务程序之前，需要为其解决相关的软件依赖关系，例如，用于提供 Perl 语言兼容的正则表达式库的软件包 pcre，是 Nginx 服务程序用于实现伪静态功能必不可少的依赖包。下面来解压、编译、生成、安装 Nginx 服务程序的源码文件：

```
[root@studylinux ~]# cd /usr/local/src
```

```
[root@studylinux src]# tar xzvf pcre-8.35.tar.gz
[root@studylinux src]# cd pcre-8.35
[root@studylinux pcre-8.35]# ./configure --prefix=/usr/local/pcre
[root@studylinux pcre-8.35]# make
[root@studylinux pcre-8.35]# make install
```

openssl 软件包是用于提供网站加密证书服务的程序文件,在安装该程序时需要自定义服务程序的安装目录,以便于稍后调用时更可控。

```
[root@studylinux pcre-8.35]# cd /usr/local/src
[root@studylinux src]# tar xzvf openssl-1.0.1h.tar.gz
[root@studylinux src]# cd openssl-1.0.1h
[root@studylinux openssl-1.0.1h]# ./config --prefix=/usr/local/openssl
[root@studylinux openssl-1.0.1h]# make
[root@studylinux openssl-1.0.1h]# make install
```

openssl 软件包安装后默认会在/usr/local/openssl/bin 目录中提供很多可用命令,需要将这个目录添加到 PATH 环境变量中,并写入到配置文件中,最后执行 source 命令以便让新的 PATH 环境变量内容可以立即生效:

```
[root@studylinux pcre-8.35]# vim /etc/profile
………………省略部分输出信息………………
 64
 65 for i in /etc/profile.d/*.sh ; do
 66     if [ -r "$i" ]; then
 67         if [ "${-#*i}" != "$-" ]; then
 68             . "$i"
 69         else
 70             . "$i" >/dev/null
 71         fi
 72     fi
 73 done
 74 export PATH=$PATH:/usr/local/mysql/bin:/usr/local/openssl/bin
 75 unset i
 76 unset -f pathmunge
[root@studylinux pcre-8.35]# source /etc/profile
```

zlib 软件包用于提供压缩功能的函数库文件。其实 Nginx 服务程序调用的这些服务程序无须深入了解,只要大致了解其作用即可。

```
[root@studylinux pcre-8.35]# cd /usr/local/src
[root@studylinux src]# tar xzvf zlib-1.2.8.tar.gz
[root@studylinux src]# cd zlib-1.2.8
[root@studylinux zlib-1.2.8]# ./configure --prefix=/usr/local/zlib
[root@studylinux zlib-1.2.8]# make
[root@studylinux zlib-1.2.8]# make install
```

在安装部署好具有依赖关系的软件包之后,创建一个用于执行 Nginx 服务程序的账户。账户名称可以自定义,但必须记住,因为在后续需要调用:

```
[root@studylinux zlib-1.2.8]# cd ..
[root@studylinux src]# useradd www -s /sbin/nologin
```

在使用命令编译 Nginx 服务程序时,需要设置特别多的参数,其中,--prefix 参数用于定义服务程序稍后安装到的位置,--user 与--group 参数用于指定执行 Nginx 服务程序的用户名和用户组。在使用参数调用 openssl、zlib、pcre 软件包时，须写出软件源码包的解压路径，而不是程序的安装路径：

```
[root@studylinux src]# tar xzvf nginx-1.6.0.tar.gz
[root@studylinux src]# cd nginx-1.6.0/
[root@studylinux nginx-1.6.0]# ./configure --prefix=/usr/local/nginx --without-http_memcached_module --user=www --group=www --with-http_stub_status_module --with-http_ssl_module --with-http_gzip_static_module --with-openssl=/usr/local/src/openssl-1.0.1h --with-zlib=/usr/local/src/zlib-1.2.8 --with-pcre=/usr/local/src/pcre-8.35
[root@studylinux nginx-1.6.0]# make
[root@studylinux nginx-1.6.0]# make install
```

至此，Nginx 安装成功。安装成功后/usr/local/nginx 目录如图 13-1 所示。

```
fastcgi.conf               koi-win              nginx.conf.default
fastcgi.conf.default       logs                 scgi_params
fastcgi_params             mime.types           scgi_params.default
fastcgi_params.default     mime.types.default   uwsgi_params
html                       nginx                uwsgi_params.default
koi-utf                    nginx.conf           win-utf
```

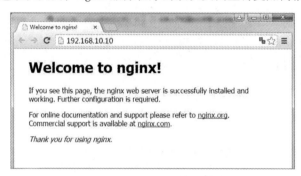

图 13-1 Nginx 目录内容

启动 Nginx 程序：

```
[root@studylinux ~]# /usr/local/nginx/nginx
```

Nginx 服务程序在启动后就可以在浏览器中输入服务器的 IP 地址查看默认网页。相较于 Apache 服务程序的红色默认页面，Nginx 服务程序的默认页面显得更加简洁，如图 13-2 所示。

图 13-2 Nginx 服务程序的默认页面

13.3 Nginx 配置文件

Nginx 与 Apache 一样采用的是模块化设计，Nginx 模块分为内置模块和第三方模块，其中，内置模块中包括主模块和事件模块。

Nginx 服务器软件完成安装后，程序主目录位于/usr/local/nginx/，该目录下的内容分别为 conf、html、logs、sbin，其中：

① conf（主配置文件目录）:该目录中保存了 Nginx 所有配置文件，其中 nginx.conf 是 Nginx 服务器最核心最主要的配置文件，其他.conf 则用来配置 Nginx 相关的功能，例如，fastcgi 功能使用 fastcgi.conf 和 fastcgi_params 文件，配置文件一般都有个样板配置文件，以扩展名.default 结尾，使用的时候复制模板配置文件并将文件名中的.default 去掉即可。

② html（网站根目录）：该目录中保存了 Nginx 服务器的 Web 文件，但是可以更改为其他目录保存 Web 文件，另外，还有一个 50x 的 Web 文件是默认的错误提示页面。

③ logs（日志文件目录）：该目录用来保存 Nginx 服务器的访问日志和错误日志等，logs 目录可以放在其他路径，比如/var/logs/nginx 中。

④ sbin（主程序目录）：该目录用来保存 Nginx 二进制启动脚本，可以接受不同的参数以实现不同的功能。

Nginx 默认的配置文件为/usr/local/nginx/conf/nginx.conf，配置文件中主要包括全局、event、http、server 设置。event 主要用来定义 Nginx 工作模式，http 提供 Web 功能，server 用来设置虚拟主机，server 必须位于 http 内部，一个配置文件中可以有多个 server。

```
#全局配置端，对全局生效，主要设置Nginx的启动用户/组、启动的工作进程数量、工作模式、Nginx的PID路径、日志路径等。
user nginx nginx;
worker_processes 1;        #启动工作进程数量
events {                   #events连接设置模块，主要设置Nginx服务器与用户的网络连接，比如是否允许同时接受多个网络连接，使用哪种事件驱动模型处理请求，每个工作进程可以同时支持的最大连接数，是否开启对多工作进程下的网络连接进行序列化等
worker_connections 1024;   #设置单个Nginx工作进程可以接受的最大并发，作为Web服务器时最大并发数为worker_connections * worker_processes，作为反向代理时为(worker_connections *worker_processes)/2
}
http {                     #http块是Nginx服务器配置的重要部分，缓存、代理和日志格式定义等绝大多数功能和第三方模块都可以在这设置，http块可以包含多个server块，而一个Server中又可以包含多个location块，server块可以配置文件引入、MIME-Type定义、日志自定义、是否启用sendfile、连接超时时间和单个链接的请求上限等
Include mime.types;
default_type application/octet-stream;
sendfile on;               #作为Web服务器时打开sendfile加快静态文件传输，指定是否使用sendfile系统调用来传输文件，sendfile系统调用在两个文件描述符之间直接传递数据(完全在内核中操作)，从而避免了数据在内核缓冲区和用户缓冲区之间的复制，操作效率很高，被称为零拷贝
keepalive_timeout 65;      #长连接超时时间，单位是秒
server {                   #设置一个虚拟机主机，可以包含自己的全局块，同时也可以包含多个location模块。比如本虚拟机监听的端口、本虚拟机的名称和IP配置，多个server可以使用一个端口，比如都使用80端口提供Web服务
listen 80;                 #配置server监听的端口
server_name localhost;     #本server的名称，当访问此名称时Nginx会调用当前server内部的配置进程匹配
location / {               #location其实是server的一个指令，为Nginx服务器提供比较多而且灵活的指令，都是在location中体现的，主要是基于Nginx接收到的请求字符串，对用户请求的URL进行匹配，并对特定的指令进行处理，包括地址重定向、数据缓存和应答控制等功能都是在这部分实现，另外很多第三方模块的配置也是在location模块中配置
root html;                 #相当于默认页面的目录名称，默认是相对路径，可以使用绝对路径配置
index index.html index.htm; #默认的页面文件名称
}
error_page 500 502 503 504 /50x.html;      #错误页面的文件名称
location = /50x.html {     #location将不同错误码的页面指向/50X.html
roothtml;                  #定义默认页面所在的目录
}
}
#和邮件相关的配置
#mail {
#       ……
```

```
#        }         mail 协议相关配置段
#tcp 代理配置，1.9 版本以上支持
#stream {
#
#        ……
#        }         stream服务器相关配置段
#导入其他路径的配置文件
#include /apps/nginx/conf.d/ * .conf
}
```

13.4 虚拟主机功能

虚拟主机是使用特殊的软硬件技术，把一台服务器主机分成一台台"虚拟"主机，每台虚拟主机都具有独立的域名，具有完整的 Internet 服务器功能（如 WWW、FTP、E-mail 等），同一台主机上的虚拟主机之间是完全独立的。从网站访问者来看，每一台虚拟主机和一台独立主机完全一样。

利用虚拟主机，不必为每个要运行的网站提供一台单独的 Nginx 服务器或单独运行一组 Nginx 进程。虚拟主机提供了在同一台服务器、同一组 Nginx 进程上运行多个网站的功能。可以实现在同一台服务器上运行多个网站，并且网站之间相互独立各不干扰。

13.4.1 基于 IP 地址

在本实验中，使用两个不同的 IP 地址，分别创建两个基于 IP 地址的虚拟主机，要求不同虚拟主机对应的主目录不同，默认网页文档也不同。

第 1 步：在 Linux 系统中虚拟出两个网卡，设置为不同的 IP 地址。

将/etc/sysconfig/network-scripts/ifcfg-eth0 文件复制一份，命名为 ifcfg-eth0:1

```
cd /etc/sysconfig/network-scripts
cp ifcfg-eth0 ifcfg-eth0:1
```

修改其中内容：

```
DEVICE=eth0:1
IPADDR=192.168.10.20
```

其他项不用修改，执行 service network restart 命令重启网络服务。

第 2 步：先将/nginx/html 文件复制成两份分别为 html-10 和 html-20，修改 html/index.html 文件，用于标记不同 Nginx 首页信息。

```
[root@studylinux ~]# cp /nginx/html /nginx/html-10
[root@studylinux ~]# cp /nginx/html /nginx/html-20
[root@studylinux ~]# echo "Welcome to nginx.I am IP 10" > /nginx/html-10
[root@studylinux ~]# echo "Welcome to nginx.I am IP 20" > /nginx/html-20
```

第 3 步：修改 Nginx 配置文件。

nginx.conf 是 Nginx 核心配置文件。在此文件中，设置虚拟主机配置，一个 server 模块对应一台虚拟主机。Nginx 对于多虚拟主机的支持，主要是对 server 标签的添加，指定 location 启动路径即可。

修改 nginx.conf 配置文件，添加两个 server 节点，指定 ip。

```
server{
  listen 80;
  server_name    192.168.10.10;
```

```
    #charset koi8-r;
    #access_log      logs/host.access.log       main;
    location / {
      root   html-10;
      index  index.html index.htm;
    }
  }
  server {
    listen 80;
    server_name   192.168.10.20;
    #charset koi8-r;
    #access_log      logs/host.access.log       main;
    location / {
      root html-20;
      index  index.html index.htm;
    }
  }
```

第 4 步：reload nginx 配置文件，命令：

/nginx/bin/nginx -s reload

第 5 步：根据 IP 访问首页，效果如图 13-3 和图 13-4 所示。

图 13-3 所示为访问 192.168.10.10。

图 13-4 所示为访问 192.168.10.20。

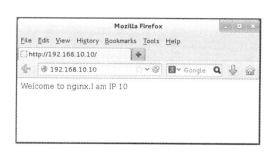

图 13-3　访问 192.168.10.10

图 13-4　访问 192.168.10.20

13.4.2　基于端口

在本实验中，使用同一个 IP 地址的两个不同端口，分别创建两个基于 IP 地址的虚拟主机，要求不同虚拟主机对应不同的主目录，不同的默认网页文档。

第 1 步：将/nginx/html 文件复制成两份分别为 html-81，html-82，修改 html/index.html 文件，用于标记不同 Nginx 首页信息。

```
[root@studylinux ~]# cp /nginx/html /nginx/html-81
[root@studylinux ~]# cp /nginx/html /nginx/html-82
[root@studylinux ~]# echo "Welcome to nginx.I am port 81" > /nginx/html-81
[root@studylinux ~]# echo "Welcome to nginx.I am port 82" > /nginx/html-82
```

第 2 步：修改 Nginx 配置文件。

nginx.conf 是 Nginx 核心配置文件。在此文件中，设置虚拟主机配置，一个 server 模块对应一台虚拟主机。Nginx 对于多虚拟主机的支持，主要是对 server 标签的添加，指定 location 启动路径即可。

修改 nginx.conf 配置文件，添加两个 server 节点，指定 ip。

```
server{
  listen 81;
  server_name    192.168.10.10;
  #charset koi8-r;
  #access_log       logs/host.access.log         main;
  location  /  {
    root  html-81;
    index    index.html index.htm;
  }
}
server {
  listen 82;
  server_name    192.168.10.10;
  #charset koi8-r;
  #access_log       logs/host.access.log         main;
  location  /  {
    root html-82;
    index    index.html index.htm;
  }
}
```

第 3 步：reload nginx 配置文件，命令：

`/nginx/bin/nginx -s reload`

第 4 步：根据 IP 访问首页，效果如图 13-5 和图 13-6 所示。

图 13-5 所示为访问 192.168.10.10:81。

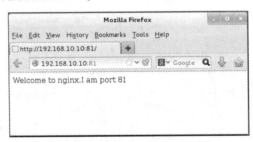

图 13-5　访问 192.168.10.10:81

图 13-6 所示为访问 192.168.10.10:82。

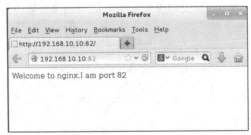

图 13-6　访问 192.168.10.10:82

13.4.3 基于域名

基于域名的虚拟主机应用相对于前两者更常用，一般情况都是使用域名对网站进行访问，很少直接输入该网站的服务器 IP。

第 1 步：设置 host 文件，指定 IP 对应的域名，使得原本需要通过 DNS 服务器去解析域名所对应的 IP，而 host 文件相当于本地的一份 IP-域名的对应数据缓存，如果 host 中有这个对应关系，那访问网站时，则直接跳转到指定 IP，而不再从 DNS 服务器上解析。

```
[root@studylinux ~]# vim /etc/hosts
```

在/etc/hosts 文件中添加以下内容：

```
192.168.10.10 www.max.com
192.168.10.10 xixi.max.com
```

第 2 步：修改 html/index.html 文件，用于标记不同 Nginx 首页信息。

```
[root@studylinux ~]# cp /nginx/html /nginx/html-max
[root@studylinux ~]# cp /nginx/html /nginx/html-xixi
[root@studylinux ~]# echo "Welcome to nginx MAX" > /nginx/html-max
[root@studylinux ~]# echo "Welcome to nginx LINXI" > /nginx/html-xixi
```

第 3 步：修改 nginx.conf 配置。

```
server{
  listen 80;
  server_name    <a target=_blank href="http://www.max.com">www.max.com</a>;
  #charset koi8-r;
  #access_log       logs/host.access.log          main;
  location  /  {
    root   html-max;
    index     index.html index.htm;
  }
}
server{
  listen 80;
  server_name    <a target=_blank href="http://xixi.max.com">xixi.max.com</a>;
  #charset koi8-r;
  #access_log       logs/host.access.log          main;
  location  /  {
    root   html-xixi;
    index     index.html index.htm;
  }
}
```

第 4 步：reload nginx 配置文件，命令：

```
/nginx/bin/nginx -s reload
```

第 5 步：根据域名访问首页，效果如图 13-7 和图 13-8 所示。

图 13-7 所示为访问 www.xixi.com 的结果。

图 13-7　访问 www.xixi.com 的结果

图 13-8 所示为访问 www.max.com 的结果。

图 13-8　访问 www.max.com 的结果

单 元 实 训

【实训目的】

➢ 掌握 Nginx 服务程序的安装步骤；
➢ 掌握 Nginx 服务器的部署；
➢ 掌握 Nginx 服务器的虚拟主机功能使用。

【实训内容】

某企业新购一台服务器，服务器已经安装 Linux 操作系统，企业域名为 http://www.sdte.com。现要求将服务器配置成 Nginx 服务器，提供企业员工基本 Web 服务。具体要求如下：

（1）服务器的 IP 地址为：192.168.10.5；

（2）设置主目录的路径为/usr/local/nginx/web；

（3）添加 default.htm 文件作为默认文档；

（4）设置 Nginx 监听的端口为 8080 和 80；

（5）设置默认字符集为 UTF-8；

（6）使用 192.168.10.5 和 192.168.10.6 两个 IP 地址，创建基于 IP 地址的虚拟主机。其中 IP 地址为 192.168.10.5 的虚拟主机对应的主目录为/usr/local/nginx/web5，IP 地址为 192.168.10.6 的虚拟主机对应的主目录为/usr/local/nginx/web6。

（7）使用 www.tech.com 和 www.study.com 两个域名的虚拟主机，域名为 www.tech.com 的虚拟主机对应的主目录为/usr/local/nginx/web-tech，域名为 www.study.com 的虚拟主机对应的主目录为/usr/local/nginx/web-study。

单 元 习 题

选择题

1. 在 RHEL 中手工安装 Nginx 服务器时，默认 Web 站点的目录为（　　）。
   A. /usr/local/nginx/html　　　　　　B. /var/www/html
   C. /usr/local/nginx/home　　　　　　D. /home/html

2. Nginx 服务器监听的端口由配置文件的（　　）参数确定。
   A. Listen　　　B. heard　　　C. using　　　D. Directory

3. 下列关于 Nginx 的描述中错误的是（　　）。
   A. 不能改变存放网页的路径　　　　　B. 只能为一个域名提供服务
   C. 可以为网页路径设置密码　　　　　D. 默认端口号为 8848

4. 在配置文件中，设置站点根目录的位置使用（　　）参数。
   A. ServerRoot　　B. ServerName　　C. root　　D. DirectoryRoot

5. 下列关于 Nginx 服务器的说法正确的是（　　）。
   A. 功能丰富，可以作为 HTTP 服务器、也可作为反向代理服务器、邮件服务器
   B. 可以提供负载均衡
   C. 支持热部署，启动速度快
   D. 可以在不间断服务的情况下对软件版本或者配置进行升级

附录A 命令合集

A.1 帮助类命令

1. man 命令

【功能】查看命令帮助信息。

【语法格式】man [命令]

常用参数	功能
-a	在所有的 man 帮助手册中搜索
-d	主要用于检查，如果用户加入了一个新的文件，就可以用这个参数检查是否出错
-f	显示给定关键字的简短描述信息
-p	指定内容时使用分页程序
-M	指定 man 手册搜索的路径
-w	显示文件所在位置

2. info 命令

【功能】显示阅读 info 格式的文件，查看帮助信息。

【语法格式】info [参数] [菜单项目]

常用参数	功能
-w	显示 info 文档的物理位置
-f	指定要访问的 info 文件
-n	在首个浏览过 info 文件中指定节点
-O	跳转至命令行选项节点

3. help 命令

【功能】显示帮助信息。

【语法格式】help [参数] [内部命令]

常用参数	功能
d	输出每个命令的简短描述
-s	输出短格式的帮助信息
-m	以伪 man 手册的格式显示帮助信息

A.2 目录及文件的基本操作类命令

1. pwd 命令

【功能】显示当前路径。

【语法格式】pwd [参数]

常用参数	功　　能
-L	显示逻辑路径

2. cd 命令

【功能】切换目录。

【语法格式】cd [参数] [目录名]

常用参数	功　　能
-P	如果切换的目标目录是一个符号链接，则直接切换到符号链接指向的目标目录
-L	如果切换的目标目录是一个符号链接，则直接切换到符号链接名所在的目录
--	仅使用"-"选项时，当前目录将被切换到环境变量 OLDPWD 对应值的目录
~	切换至当前用户目录
..	切换至当前目录位置的上一级目录

3. ls 命令

【功能】显示指定工作目录下的内容及属性信息。

【语法格式】ls [选项] [文件]

常用参数	功　　能
-a	显示所有文件及目录（包括以"."开头的隐藏文件）
-l	使用长格式列出文件及目录信息
-r	将文件以相反次序显示（默认依英文字母次序）
-t	根据最后的修改时间排序
-A	同 -a，但不列出"."（当前目录）及".."（父目录）
-S	根据文件大小排序
-R	递归列出所有子目录

4. touch 命令

【功能】创建新的空文件或改变已有文件的时间戳属性。

【语法格式】touch [参数] [文件]

常用参数	功　　能
-a	改变档案的读取时间记录
-m	改变档案的修改时间记录
-r	使用参考档的时间记录，与--file 的效果一样
-c	不创建新文件
-d	设定时间与日期，可以使用各种不同的格式
-t	设定档案的时间记录，格式与 date 命令相同

5. mkdir 命令

【功能】创建目录。

【语法格式】mkdir [参数] [目录]

常用参数	功　能
-p	递归创建多级目录
-m	建立目录的同时设置目录的权限
-z	设置安全上下文
-v	显示目录的创建过程

6. cp 命令

【功能】复制文件或目录。

【语法格式】cp [参数] [文件]

常用参数	功　能
-f	若目标文件已存在，则会直接覆盖原文件
-i	若目标文件已存在，则会询问是否覆盖
-p	保留源文件或目录的所有属性
-r	递归复制文件和目录
-d	当复制符号连接时，把目标文件或目录也建立为符号连接，并指向与源文件或目录连接的原始文件或目录
-l	对源文件建立硬连接，而非复制文件
-s	对源文件建立符号连接，而非复制文件
-b	覆盖已存在的文件目标前将目标文件备份
-v	详细显示 cp 命令执行的操作过程
-a	等价于"dpr"选项

7. rm 命令

【功能】移除文件或目录。

【语法格式】rm [参数] [文件]

常用参数	功　能
-f	忽略不存在的文件，不会出现警告信息
-i	删除前会询问用户是否操作
-r/R	递归删除
-v	显示指令的详细执行过程

8. mv 命令

【功能】移动文件或更改文件名。

【语法格式】mv [参数]

常用参数	功能
-i	若存在同名文件，则向用户询问是否覆盖
-f	覆盖已有文件时，不进行任何提示
-b	当文件存在时，覆盖前为其创建一个备份
-u	当源文件比目标文件新，或者目标文件不存在时，才执行移动此操作

9. find 命令

【功能】查找和搜索文件。

【语法格式】find [参数] [路径] [查找和搜索范围]

常用参数	功能
-name	按名称查找
-size	按大小查找
-user	按属性查找
-type	按类型查找
-iname	忽略大小写

10. du 命令

【功能】查看文件和目录占用的磁盘空间。

【语法格式】du [参数] [文件]

常用参数	功能
-a	显示目录中所有文件大小
-k	以 KB 为单位显示文件大小
-m	以 MB 为单位显示文件大小
-g	以 GB 为单位显示文件大小
-h	以易读方式显示文件大小
-s	仅显示总计

A.3 查看文件内容命令

1. cat 命令

【功能】在终端设备上显示文件内容。

【语法格式】cat [参数] [文件]

常用参数	功能
-n	显示行数（空行也编号）
-s	显示行数（多个空行算一个编号）
-b	显示行数（空行不编号）
-E	每行结束处显示$符号
-T	将 Tab 字符显示为 ^I 符号
-v	使用 ^ 和 M- 引用，除了 LFD 和 Tab 之外
-e	等价于 -vE 组合

续表

常用参数	功　　能
-t	等价于-vT 组合
-A	等价于 –vET 组合
--help	显示帮助信息
--version	显示版本信息

2. more 命令

【功能】用于将内容较长的文本文件内容分屏显示。

【语法格式】more [参数] [文件]

常用参数	功　　能
-num	指定每屏显示的行数
-l	more 在通常情况下把 ^L 当作特殊字符，遇到这个字符就会暂停，-l 选项可以阻止这种特性
-f	计算实际的行数，而非自动换行的行数
-p	先清除屏幕再显示文本文件的剩余内容
-c	与-p 相似，不滚屏，先显示内容再清除旧内容
-s	多个空行压缩成一行显示
-u	禁止下画线
+/pattern	在每个文档显示前搜寻该字（pattern），然后从该字串之后开始显示
+num	从第 num 行开始显示

3. less 命令

【功能】分页显示文件内容，允许用户向前或向后浏览文件。

【语法格式】less [参数] [文件]

常用参数	功　　能
-b	置缓冲区的大小
-e	当文件显示结束后，自动离开
-f	强迫打开特殊文件，例如外围设备代号、目录和二进制文件
-g	只标志最后搜索的关键词
-i	忽略搜索时的大小写
-m	显示类似 more 命令的百分比
-N	显示每行的行号
-o	将 less 输出的内容在指定文件中保存起来
-Q	不使用警告音
-s	显示连续空行为一行
-S	在单行显示较长的内容，而不换行显示
-x	将 Tab 字符显示为指定个数的空格字符

4. head 命令

【功能】显示文件开头内容。

【语法格式】head [参数] [文件]

常用参数	功　　能
-n	后面接数字，代表显示几行的意思
-c	指定显示头部内容的字符数
-v	总是显示文件名的头信息
-q	不显示文件名的头信息

5. tail 命令

【功能】查看文件尾部内容。

【语法格式】tail [参数]

常用参数	功　　能
--retry	即在 tail 命令启动时，文件不可访问或者文件稍后变得不可访问，都始终尝试打开文件。使用此选项时需要与选项"——follow=name"连用
-c\<N>或——bytes=\<N>	输出文件尾部的 N（N 为整数）个字节内容
-f\<name/descriptor>	--follow\<name | descript>：显示文件最新追加的内容
-F	与选项"-follow=name"和"--retry"连用时功能相同
-n\<N>或——line=\<N>	输出文件的尾部 N（N 位数字）行内容
--pid=\<进程号>	与"-f"选项连用，当指定进程号的进程终止后，自动退出 tail 命令

6. wc 命令

【功能】统计文件的字节数、字数、行数。

【语法格式】wc [参数] [文件]

常用参数	功　　能
-w	统计字数，或--words：只显示字数。一个字被定义为由空白、跳格或换行字符分隔的字符串
-c	统计字节数，或--bytes 或--chars：只显示 Bytes 数
-l	统计行数，或--lines：只显示列数
-m	统计字符数
-L	打印最长行的长度

7. grep 命令

【功能】搜索正则表达式，并将其打印出来。

【语法格式】grep [参数]

常用参数	功　　能
-i	搜索时，忽略大小写
-c	只输出匹配行的数量
-l	只列出符合匹配的文件名，不列出具体的匹配行
-n	列出所有匹配行，显示行号

常用参数	功能
-h	查询多文件时不显示文件名
-s	不显示不存在、没有匹配文本的错误信息
-v	显示不包含匹配文本的所有行
-w	匹配整词
-x	匹配整行
-r	递归搜索
-q	禁止输出任何结果，已退出状态表示搜索是否成功
-b	打印匹配行距文件头部的偏移量，以字节为单位
-o	仅输出匹配的字符串

8．echo 命令

【功能】输出字符串或提取 Shell 变量的值。

【语法格式】echo [参数] [字符串]

常用参数	功能
-n	不输出结尾的换行符
-e "\a"	发出警告音
-e "\b"	删除前面的一个字符
-e "\c"	结尾不加换行符
-e "\f"	换行，光标仍停留在原来的坐标位置
-e "\n"	换行，光标移至行首
-e "\r"	光标移至行首，但不换行
-E	禁止反斜杠转移，与-e 参数功能相反

A.4　压缩及解压

1．gzip 命令

【功能】压缩和解压文件。

【语法格式】gzip [参数]

常用参数	功能
-a	使用 ASCII 文字模式
-d	解开压缩文件
-f	强行压缩文件
-l	列出压缩文件的相关信息
-c	把压缩后的文件输出到标准输出设备，并保留源文件
-r	递归处理，将指定目录下的所有文件及子目录一并处理
-q	不显示警告信息

2. bzip2 命令

【功能】bz2 文件的压缩程序。

【语法格式】`bzip2 [参数] 文件系统`

常用参数	功　能
-c	将压缩与解压缩的结果送到标准输出
-d	执行解压缩
-f	bzip2 在压缩或解压缩时，若输出文件与现有文件同名，预设不会覆盖现有文件。若要覆盖，请使用此参数
-k	bzip2 在压缩或解压缩后，会删除原始文件。若要保留原始文件，请使用此参数
-s	降低程序执行时内存的使用量
-t	测试 .bz2 压缩文件的完整性
-v	压缩或解压缩文件时，显示详细的信息
-z	强制执行压缩

3. tar 命令

【功能】打包和备份 Linux 的文件和目录。

【语法格式】`tar [参数] [文件或目录]`

常用参数	功　能
-A	新增文件到已存在的备份文件
-B	设置区块大小
-c	建立新的备份文件
-C <目录>	切换工作目录，先进入指定目录再执行压缩/解压缩操作，可用于仅压缩特定目录中的内容或解压缩到特定目录
-d	记录文件的差别
-x	从归档文件中提取文件
-t	列出备份文件的内容
-z	通过 gzip 指令压缩/解压缩文件，文件名最好为 *.tar.gz
-Z	通过 compress 指令处理备份文件
-f<备份文件>	指定备份文件
-v	显示指令执行过程
-r	添加文件到已经压缩的文件
-u	添加改变了和现有文件到已经存在的压缩文件
-j	通过 bzip2 指令压缩/解压缩文件，文件名最好为 *.tar.bz2
-v	显示操作过程
-l	文件系统边界设置
-k	保留原有文件不覆盖
-m	保留文件不被覆盖
-w	确认压缩文件的正确性
-p	保留原来的文件权限与属性
-P	使用文件名的绝对路径，不移除文件名称前的"/"号
-N <日期格式>	只保存比指定日期更新的文件到备份文件

A.5 账户及组

1. useradd 命令

【功能】创建用户。

【语法格式】useradd [参数] [用户名]

常用参数	功　　能
-D	改变新建用户的预设值
-c	添加备注文字
-d	新用户每次登录时所使用的家目录
-e	用户终止日期，日期的格式为 YYYY-MM-DD
-f	用户过期几日后永久停权。当值为 0 时用户立即被停权，而值为 -1 时则关闭此功能，预设值为 -1
-g	指定用户对应的用户组
-G	定义此用户为多个不同组的成员
-m	用户目录不存在时则自动创建
-M	不建立用户家目录，优先于 /etc/login.defs 文件设定
-n	取消建立以用户名称为名的群组
-r	建立系统账号
-u	指定用户 id

2. groupadd 命令

【功能】新建工作组。

【语法格式】groupadd [参数]

常用参数	功　　能
-g	指定新建工作组的 id
-r	创建系统工作组，系统工作组的组 ID 小于 500
-K	覆盖配置文件 "/ect/login.defs"
-o	允许添加组 ID 号不唯一的工作组

3. id 命令

【功能】显示用户 ID 和组 ID。

【语法格式】id [参数] [用户名]

常用参数	功　　能
-g	显示用户所属群组的 ID
-G	显示用户所属附加群组的 ID
-n	显示用户所属群组或附加群组的名称
-r	显示实际 ID
-u	显示用户 ID

4. passwd 命令

【功能】修改用户账户密码。

【语法格式】passwd [参数]

常用参数	功能
-d	删除密码
-l	锁定用户密码，无法被用户自行修改
-u	解开已锁定用户密码，允许用户自行修改
-e	密码立即过期，下次登录强制修改密码
-k	保留即将过期的用户在期满后仍能使用
-S	查询密码状态

5. usermod 命令

【功能】修改用户账号。

【语法格式】usermod [参数]

常用参数	功能
-c<备注>	修改用户账号的备注文字
-d<登入目录>	修改用户登入时的目录
-e<有效期限>	修改账号的有效期限
-f<缓冲天数>	修改在密码过期后多少天即关闭该账号
-g<群组>	修改用户所属的群组
-G<群组>	修改用户所属的附加群组
-l<账号名称>	修改用户账号名称
-L	锁定用户密码，使密码无效
-s<shell>	修改用户登入后所使用的 shell
-u<uid>	修改用户 ID
-U	解除密码锁定

6. userdel 命令

【功能】删除用户。

【语法格式】userdel [参数] [用户名]

常用参数	功能
-f	强制删除用户账号
-r	删除用户主目录及其中的任何文件
-h	显示命令的帮助信息

7. groupdel 命令

【功能】删除用户组。

【语法格式】groupdel [参数] [群组名称]

常用参数	功能
-h	显示帮助信息
-R	在 chroot_dir 目录中应用更改并使用 chroot_dir 目录中的配置文件

A.6 修改文件权限

1. chmod 命令

【功能】改变文件或目录权限。

【语法格式】chmod [参数] [文件]

常用参数	功能
-c	若该文件权限确实已经更改，才显示其更改动作
-f	若该文件权限无法被更改也不显示错误信息
-v	显示权限变更的详细资料
-R	对目前目录下的所有文件与子目录进行相同的权限变更（即以递回的方式逐个变更）

2. chown 命令

【功能】改变文件或目录用户和用户组。

【语法格式】chown [参数]

常用参数	功能
-R	对目前目录下的所有文件与子目录进行相同的拥有者变更
-c	若该文件拥有者确实已经更改，才显示其更改动作
-f	若该文件拥有者无法被更改也不要显示错误信息
-h	只对于连接（link）进行变更，而非该 link 真正指向的文件
-v	显示拥有者变更的详细资料

3. setfacl 命令

【功能】设置文件 ACL 规则。

【语法格式】setfacl [参数] [文件]

常用参数	功能
-m	--modify-acl 更改文件的访问控制列表
-M	--modify-file=file 从文件读取访问控制列表条目更改
-x	--remove=acl 根据文件中访问控制列表移除条目
-X	--remove-file=file 从文件读取访问控制列表条目并删除
-b	--remove-all 删除所有扩展访问控制列表条目
-k	--remove-default 移除默认访问控制列表
-d	--default 应用到默认访问控制列表的操作
-P	--physical 依照自然逻辑，不跟随符号链接

4. getfacl 命令

【功能】显示文件或目录的 ACL。

【语法格式】getfacl [参数] [目录或文件]

常用参数	功　能
-a	显示文件的 ACL
-d	显示默认的 ACL
-c	不显示注释标题
-e	显示所有有效权限
-E	显示没有有效权限
-s	跳过文件，只具有基本条目
-R	递归到子目录
-t	使用表格输出格式
-n	显示用户的 UID 和组群的 GID

5．chattr 命令

【功能】更改文件属性。

【语法格式】chattr [参数] [文件]

常用参数	功　能
-R	递归处理目录下的所有文件
-v	设置文件或目录版本
-V	显示指令执行过程
+	开启文件或目录的该项属性
--	关闭文件或目录的该项属性
=	指定文件或目录的该项属性

6．lsattr 命令

【功能】显示文件隐藏属性。

【语法格式】lsattr [参数] [文件]

常用参数	功　能
-a	列出目录中的所有文件，包括隐藏文件
-d	只显示目录名称
-R	递归地处理指定目录下的所有文件及子目录
-v	显示文件或目录版本
-V	显示版本信息
-D	显示属性的名称、默认值
-E	显示从用户设备数据库中获得属性的当前值

A.7　存储管理命令

1．fdisk 命令

【功能】磁盘分区。

【语法格式】fdisk [参数]

常用参数	功能
-b	指定每个分区的大小
-l	列出指定的外围设备的分区表状况
-s	将指定的分区大小输出到标准输出上,单位为区块
-u	搭配"-l"参数列表,会用分区数目取代柱面数目,来表示每个分区的起始地址

2. parted 命令

【功能】磁盘分区工具,支持调整分区的大小。

【语法格式】parted [参数] [设备]

常用参数	功能
-i	交互式模式
-s	脚本模式,不提示用户
-l	列出所有块设备上的分区布局
-h	显示帮助信息

3. mkfs 命令

【功能】在特定分区上建立文件系统。

【语法格式】mkfs [参数]

常用参数	功能
device	预备检查的硬盘分区,如/dev/sda1
-V	详细显示模式
-t	给定档案系统的型式,Linux 的预设值为 ext2
-c	在制作档案系统前,检查该 partition 是否有坏轨
-l ad_blocks_file	将有坏轨的 block 资料加到 bad_blocks_file 中
block	给定 block 的大小

4. pvcreate 命令

【功能】创建物理卷。

【语法格式】pvcreate [参数]

常用参数	功能
-f	强制创建物理卷,不需要用户确认
-u	指定设备的 UUID
-y	所有的问题都回答 yes

5. vgcreate 命令

【功能】创建卷组。

【语法格式】vgcreate [参数]

常用参数	功能
-l	卷组上允许创建的最大逻辑卷数
-p	卷组中允许添加的最大物理卷数
-s	卷组上的物理卷的 PE 大小

6. lvcreate 命令

【功能】创建逻辑卷。

【语法格式】lvcreate [参数] [逻辑卷]

常用参数	功能
-L	指定逻辑卷的大小，单位为 "kKmMgGtT" 字节
-l	指定逻辑卷的大小（LE 数）

7. lvextend 命令

【功能】扩展逻辑卷空间。

【语法格式】lvextend [参数] [逻辑卷]

常用参数	功能
-L	指定逻辑卷的大小，单位为 "kKmMgGtT" 字节
-l	指定逻辑卷的大小（LE 数）

8. lvremove 命令

【功能】删除指定 LVM 逻辑卷。

【语法格式】lvremove [参数]

常用参数	功能
-f	强制删除

9. mdadm 命令

【功能】管理 Linux 软 RAID。

【语法格式】mdadm [参数]

常用参数	功能
create	创建一个新的 RAID，每个设备都具有元数据（超级块）
build	创建或组合一个没有元数据（超级块）的 RAID
assemble	组装以前创建的 RAID 的组件集成到一个活动 RAID
manage	更改一个现有的 RAID，比如添加新的备用成员和删除故障设备
misc	报告或修改各种 RAID 相关设备，比如查询 RAID 或者设备的状态信息、删除旧的超级块
grow	调整/重新塑造一个活动 RAID，比如改变 RAID 容量或阵列中的设备数目
monitor	监控一个或多个 RAID 的更改
incremental	添加设备到 RAID 中，或从 RAID 中删除设备

续表

常用参数	功能
-D	显示 RAID 设备的详细信息
-A	加入一个以前定义的 RAID
-B	创建一个没有超级块的 RAID 设备
-F	选项监控模式
-G	更改 RAID 设备的大小或形态
-I	添加设备到 RAID 中，或从 RAID 中删除设备
-z	组建 RAID1、RAID4、RAID5、RAID6 后从每个 RAID 成员获取的空间容量
-s	扫描配置文件或/proc/mdstat 以搜寻丢失的信息
-C	创建 RAID 设备，把 RAID 信息写入每个 RAID 成员超级块中
-v	显示 RAID 创建过程中的详细信息
-B	创建 RAID 的另一种方法，不把 RAID 信息写入每个 RAID 成员的超级块中
-l	指定 RAID 的级别
-n	指定 RAID 中活动设备的数目
-f	把 RAID 成员列为有问题，以便移除该成员
-r	把 RAID 成员移出 RAID 设备
-a	向 RAID 设备中添加一个成员
--re-add	把最近移除的 RAID 成员重新添加到 RAID 设备中
-E	查看 RAID 成员详细信息
-c	指定 chunk 大小，创建一个 RAID 设备时默认为 512 KB
-R	开始部分组装 RAID
-S	停用 RAID 设备，释放所有资源

A.8 性能监控命令

1. uptime 命令

【功能】查看系统负载。

【语法格式】uptime [参数]

常用参数	功能
-p	以漂亮的格式显示机器正常运行的时间
-s	系统自开始运行时间，格式为 yyyy-mm-dd hh:mm:ss

2. free 命令

【功能】显示系统内存情况。

【语法格式】free [参数]

常用参数	功能
-b	以 Byte 显示内存使用情况
-k	以 KB 为单位显示内存使用情况
-m	以 MB 为单位显示内存使用情况
-g	以 GB 为单位显示内存使用情况
-s	持续显示内存
-t	显示内存使用总和

3. df 命令

【功能】显示磁盘空间使用情况。

【语法格式】df [参数] [指定文件]

常用参数	功　能
-a	显示所有系统文件
-B <块大小>	指定显示时的块大小
-h	以容易阅读的方式显示
-H	以1 000字节为换算单位来显示
-i	显示索引字节信息
-k	指定块大小为1KB
-l	只显示本地文件系统
-t <文件系统类型>	只显示指定类型的文件系统
-T	输出时显示文件系统类型
--sync	在取得磁盘使用信息前，先执行sync命令

4. ip 命令

【功能】显示与操作路由。

【语法格式】ip [参数]

常用参数	功　能
-s	输出更详细的信息
-f	强制使用指定的协议族
-4	指定使用的网络层协议是IPv4协议
-6	指定使用的网络层协议是IPv6协议
-r	显示主机时，不使用IP地址，而使用主机的域名

5. netstat 命令

【功能】显示网络状态。

【语法格式】netstat [参数]

常用参数	功　能
-a	显示所有连线中的Socket
-p	显示正在使用Socket的程序识别码和程序名称
-u	显示UDP传输协议的连线状况
-i	显示网络界面信息表单
-n	直接使用IP地址，不通过域名服务器

6. ps 命令

【功能】显示进程状态。

【语法格式】ps [参数]

常用参数	功 能
-a	显示所有终端机下执行的程序,除了阶段作业领导者之外
-A	显示所有程序
-d	显示所有程序,但不包括阶段作业领导者的程序
-e	此选项的效果和指定 A 选项相同
-f	显示 UID、PPIP、C 与 STIME 栏位
-g <群组名称>	此选项的效果和指定 "-G" 选项相同,也能使用阶段作业领导者的名称来指定
-p <程序识别码>	指定程序识别码,并列出该程序的状况
-T	显示现行终端机下的所有程序
-u <用户识别码>	此选项的效果和指定 "-U" 选项相同

7. top 命令

【功能】实时显示进程动态。

【语法格式】top [参数]

常用参数	功 能
-d	改变显示的更新速度,或是在交谈式指令列(interactive command)按【S】键
-q	没有任何延迟的显示速度,如果使用者具有 superuser 权限,则 top 将会以最高的优先序执行
-c	切换显示模式
-s	安全模式,将交谈式指令取消,避免潜在的危机
-i	不显示任何闲置(idle)或无用(zombie)的行程
-n	更新的次数,完成后将会退出 top
-b	批次档模式,搭配 "n" 参数一起使用,可以用来将 top 的结果输出到档案内

A.9 网络配置命令

1. ifconfig 命令

【功能】显示或设置网络设备。

【语法格式】ifconfig [参数]

常用参数	功 能
add<地址>	设置网络设备 IPv6 的 IP 地址
del<地址>	删除网络设备 IPv6 的 IP 地址
down	关闭指定的网络设备
up	启动指定的网络设备
IP 地址	指定网络设备的 IP 地址

2. hostnamectl 命令

【功能】修改主机名称。

【语法格式】hostnamectl [参数]

常用参数	功能
-H	操作远程主机
status	显示当前主机名设置
set-hostname	设置系统主机名

3．route 命令

【功能】显示并设置路由。

【语法格式】route [参数]

常用参数	功能
-A	设置地址类型（默认 IPv4）
-C	打印 Linux 核心的路由缓存
-v	详细信息模式
-n	不执行 DNS 反向查找，直接显示数字形式的 IP 地址
-e	netstat 格式显示路由表
-net	到一个网络的路由表
-host	到一个主机的路由表
Add	增加指定的路由记录
Del	删除指定的路由记录
Target	目的网络或目的主机
gw	设置默认网关
mss	设置 TCP 的最大区块长度（MSS），单位为 MB
window	指定通过路由表的 TCP 连接的 TCP 窗口大小
dev	路由记录所表示的网络接口

A.10　与服务器相关的命令

1．exportfs 命令

【功能】管理 NFS 服务器共享的文件系统。

【语法格式】export [参数] [目录]

常用参数	功能
-a	全部挂载或者全部卸载
-r	重新挂载
-u	卸载某一个目录
-v	显示共享目录

2．nfsstat 命令

【功能】列出 NFS 统计信息。

【语法格式】nfsstat [参数]

常用参数	功能
-s	仅列出 NFS 服务器端状态
-c	仅列出 NFS 客户端状态
-n	仅列出 NFS 状态，默认显示 nfs 客户端和服务器的状态
-m	打印已加载的 nfs 文件系统状态
-r	仅打印 rpc 状态

3. rpcinfo 命令

【功能】查询 RPC 信息。

【语法格式】rpcinfo [参数] [主机]

常用参数	功能
-a	使用指定的传输层通用地址 servaddr 作为服务地址，探测指定程序号 prognum 的过程 0，报告是否收到响应信息
-b	列出收到响应信息的所有主机
-d	从已注册的 RPC 服务中删除匹配指定程序号 prognum 与版本号 versnum 的服务
-l	显示指定主机中与指定程序号 prognum 和版本号 versnum 匹配的基于所有传输层协议的 RPC 服务列表
-m	以表格形式指定主机上 rpcbind 操作的统计数据
-s	显示注册到指定主机的所有 RPC 程序的简明列表

附录 B　公有云上使用 Linux 操作系统——以华为云为例

在 https://www.huaweicloud.com/ 网址所示页面（见图 B-1）中，输入自己的用户名和密码，登录进入华为云平台。

图 B-1　华为云登录界面

在左侧的"服务列表"列表中选择"弹性云服务器 ECS"选项，如图 B-2 所示。

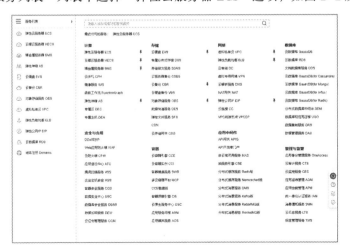

图 B-2　服务列表

打开"弹性云服务器"控制界面，如图 B-3 所示。

图 B-3 "弹性云服务器"控制界面

单击"购买弹性云服务器"按钮,弹出"基础配置"页面,如图 B-4 所示。按需设置"计费模式"(包年/包月、按需计费、竞价计费),在"区域"列表中选择不同区域(如华北-乌兰察布一、西南-贵阳一、华南-广州等),按需选择"CPU 架构"(x86 计算或鲲鹏计算),规格可以按照需求去选择,在"镜像"区域选择操作系统的镜像并指定版本,设置"系统盘"数量及容量,购买虚拟机的数量,最后注意核实配置费用。

图 B-4 弹性云服务器"基础配置"界面

本书涉及的所有实验,对硬件要求不高,可以选择最低配置的"规格"。单击"下一步:网络配置"按钮,进入"网络配置"页面,如图 B-5 所示。设置"网络"参数、"安全组"等参数。单击"下一步:高级设置"按钮,进入高级设置页面。

图 B-5 弹性云服务器"网络配置"界面

提示：列表中名为"default"的安全组（见图 B-6），是系统默认创建的一个安全组，可以实现最基本的远程登录和 ping 通云主机，其入方向规则为允许 TCP：3389 端口和 TCP：22 端口，出方向规则为所有数据报文全部放行。

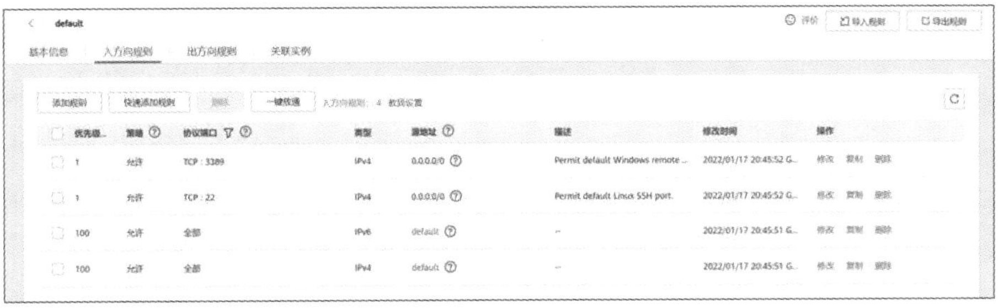

图 B-6 安全组 default 规则界面

在"高级配置"页面中（见图 B-7），可设置云服务器名称，选择登录凭证（使用密码、密钥对或在创建后设置）为 root 用户设置登录密码等。单击"下一步：确认配置"按钮，可查看所有配置选项及价格。单击"立即购买"按钮，即可使用华为云上的服务器，如图 B-8 所示。

图 B-7 弹性云服务器"高级配置"界面

图 B-8 弹性云服务器选择信息确认界面

附录 C　Linux 操作系统中的快捷方式

快 捷 方 式	功　　能
上下方向键↑↓	查看已经执行过的 Linux 命令
Tab 键	补全命令
Ctrl+R	查找使用过的命令
Ctrl+L	清除屏幕并将当前行移到页面顶部
Ctrl+C	中止当前正在执行的命令
Ctrl+U	从光标位置剪切到行首
Ctrl+K	从光标位置剪切到行尾
Ctrl+W	剪切光标左侧的一个单词
Ctrl+Y	粘贴剪切的命令
Ctrl+A	光标跳到命令行的开头
Ctrl+E	光标跳到命令行的结尾
Ctrl+D	关闭 Shell 会话

参 考 文 献

[1] 刘遄.Linux就该这样学[M].北京：人民邮电出版社，2017.
[2] 鸟哥.鸟哥的Linux私房菜：基础学习篇[M].北京：人民邮电出版社，2018.
[3] 储成友.Linux系统运维指南：从入门到企业实战[M].北京：人民邮电出版社，2020.
[4] 丁明一.Linux运维之道[M].2版.北京：电子工业出版社，2016.